古代中国 科学技术

发现中国 DISCOVER CHINA

时代少儿人文丛书

◎赵勇 李成／编著　◎刘向伟／绘图

时代出版传媒股份有限公司
安徽少年儿童出版社

图书在版编目（CIP）数据

古代中国科学技术 / 赵勇，李成编著；刘向伟绘图. — 合肥：安徽少年儿童出版社，2016.9（2022.1重印）
（时代少儿人文丛书·发现中国）
ISBN 978-7-5397-8790-9

Ⅰ.①古… Ⅱ.①赵…②李…③刘… Ⅲ.①自然科学史–中国–古代–少儿读物 Ⅳ.①N092-49

中国版本图书馆CIP数据核字（2016）第044852号

SHIDAI SHAO'ER RENWEN CONGSHU FAXIAN ZHONGGUO GUDAI ZHONGGUO KEXUE JISHU
时代少儿人文丛书·发现中国·古代中国科学技术

赵勇　李成 / 编著
刘向伟 / 绘图

出 版 人：张　堃	特约策划：墨儒墨禅	装帧设计：墨禅
责任编辑：吴荣生　曾文丽	责任校对：武　军	责任印制：郭　玲

出版发行：时代出版传媒股份有限公司　http://www.press-mart.com
　　　　　安徽少年儿童出版社　E-mail：ahse1984@163.com
　　　　　新浪官方微博：http://weibo.com/ahsecbs
（安徽省合肥市翡翠路1118号出版传媒广场　邮政编码：230071）
出版部电话：（0551）63533536（办公室）　63533533（传真）
（如发现印装质量问题，影响阅读，请与本出版部联系调换）

印　　制：阳谷毕升印务有限公司
开　　本：787mm×1092mm　1/16　印张：9.75　字数：105千字
版　　次：2016年9月第1版　2022年1月第3次印刷

ISBN 978-7-5397-8790-9　　　　　　　　　　　　　　　定价：38.00元

版权所有，侵权必究

序言

世界六大古代文明，有古代埃及文明、古巴比伦文明、古代印度文明、古代中国文明、古希腊文明和古罗马文明。这六大古代文明都为人类社会的发展进步做出了巨大贡献。本套书简要地记述了中国历史上一个个五彩斑斓的瞬间，及多位有作为、有贡献的杰出人物，并且对五千多年的历史进行了多方面的介绍，呈现中华民族辉煌的文明。

作为古老文明之一，古代中国不仅在政治、经济、文化、军事诸领域有着骄人的成就，科学技术方面也在当时的世界范围内长期领跑。

具体地说，古代中国在天文学（尤其是天文观测、天文仪器的制造、大地测量方面）、地理学（尤其是地图学、地动仪、喀斯特地貌研究方面）、数学（尤其是代数学、应用数学方面）、建筑学（尤其是巨型城市的建造、万里长城的建造）、技术发明（包括蜚声世界的四大发明、遍布全国的水利工程、丝织技术、制瓷技术）等领域领先于当时世界。

此外，古代中国发展出了精耕细作的先进农业技术，培育了谷子、大豆、茶树等农作物，发展了蚕桑、丝织业；发展出独具特色的中医学体系；在物理学的光学、电磁学、声学等方面有重要成就；在冶金、机械制造、造船、制盐等技术领域有独特的创造。这些科学技术不仅造福于中国人民，也漂洋过海，或伴随着驼铃叮当，传播到亚洲、欧洲各国，为全人类的进步做出了贡献。不带成见的人稍加考证就能明白：中国古代科技在 16 世纪以前的很长时间里领先于世界。

中国古代科技有着鲜明的、迥异于西方的特色。比如，长于感性思维，注重直觉思维，注重实用，注重归纳等。这些"中国特色"，可能是中国古代没有出现开普勒、伽利略式人物的原因之一。直到 16 世纪以后，中国国力开始衰退，科技也原地踏步，有些甚至失传，是令人痛惜的事。

历史学者　姜昆阳

目录

第一章 四大发明
造纸术 ……………………… 2
印刷术 ……………………… 6
火药 ………………………… 13
指南针 ……………………… 14

第二章 数学
早期数学成就的总结——《九章算术》………………… 21
刘徽、祖冲之和圆周率 …… 24
中国古代数学的高峰——宋元四大家 …………………… 27
算盘 ………………………… 32

第三章 天文学
浩若烟海的天文观测资料 … 36
独具特色的阴阳合历 ……… 40
天文学家和天文著作 ……… 43
天文仪器的改进 …………… 46

第四章 地理学
地图学 ……………………… 51
地理探险 …………………… 55
人文地理学与方志 ………… 58
地理学专题研究成果 ……… 63
古代地理学的高峰——徐霞客 ………………………… 69

1

第五章　医学

以《黄帝内经》为代表的中医学早期成就 …………………… 74
以《本草纲目》为代表的本草学 …………………………………… 77
以《洗冤集录》为代表的法医学 …………………………………… 80
针灸术的发展与传承 …………… 84
种痘法 …………………………… 87

第六章　农学与水利技术

蚕桑、丝织与纺织 ……………… 94
农学家与农学著作 ……………… 98
灌溉与防洪 ……………………… 106
运河工程 ………………………… 113

第七章　物理学、化学与冶金、制瓷、制盐

物理学、化学知识 ……………… 118
青铜冶炼 ………………………… 120
冶铁炼钢 ………………………… 124
制瓷 ……………………………… 127
制盐 ……………………………… 133

第八章　建筑学与造船、机械制造

万里长城 ………………………… 137
以大兴城为代表的城市建设 · 140
道路与桥梁 ……………………… 142
造船 ……………………………… 144
机械制造 ………………………… 147

第一章　四大发明

说起古代中国的科技成就，人们首先就想到四大发明。四大发明之所以伟大，并不是因为它们有多么高深莫测，而是因为它们对于人类文明的进步起着巨大的推动作用，是造福于全人类的。17世纪的英国哲学家培根就曾经盛赞："印刷术、火药、指南针这三种发明已经在世界范围内把事物的全部面貌和情况都改变了。"卡尔·马克思也曾说："火药、指南针、印刷术——这是预告资产阶级社会到来的三大发明。火药把骑士阶层炸得粉碎，指南针打开了世界市场并建立了殖民地，而印刷术则变成了新教的工具，总的来说变成了科学复兴的手段，变成对精神发展创造必要前提的最强大的杠杆。"

至于比火药、指南针、印刷术更早出现的造纸术，则为人类提供了一种经济而容易得到的书写介质，使得书籍大量出现并被推广，促进了文化的传播和传承。

造纸术

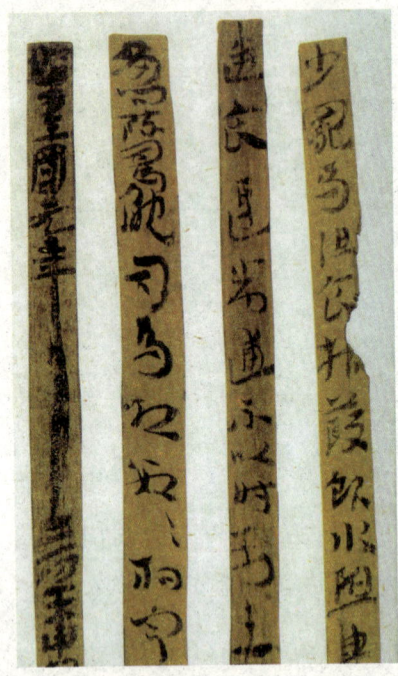

在纸发明之前，人们曾经煞费苦心，从自然界寻找各种物品作为书写的介质。比如古印度人在树叶上写字，古埃及人在莎草叶上写字，古巴比伦人把泥巴做成泥板来写字，中国人在发明纸之前使用竹简、木简、缣帛等写字。这些书写介质，各有各的缺点。植物的叶子很难装订成书，泥板容易破碎，竹木简沉重不易移动，而缣帛实际上就是裁剪好的丝绸，造价昂贵，不能大量使用。这严重阻碍了文化成果的传播和传承。

居延汉简/silver age提供

考古发现表明，至迟在公元前2世纪，中国就已经有了较粗糙的纸。但这种纸没有达到实用、便宜、方便书写的程度。据史书记载，造纸术的最大功臣是东汉的宦官蔡伦，是他领导工匠们经过大量实践，开发了实用的可以大量生产纸张的技术。

小链接：

传说秦始皇每天批阅的简牍文书重达120斤。西汉时，文学家东方朔给汉武帝写了一篇奏章，竟用了3000多根竹简，由两个武士抬进宫中，汉武帝看了两个多月才看完。

蔡伦

蔡伦从小就在洛阳的皇宫里做小黄门（低级的宦官），因为脑子活络，办事干练，不断受到提拔。当时，国家设有专门的作坊为皇宫生产各种用品，管理这些作坊的官叫尚方令。蔡伦就做过尚方令。在他的管理下，这些作坊出产的器物不但精美，而且结实，皇帝、皇后也对他非常满意。

汉和帝的皇后姓邓，很喜欢舞文弄墨。可是在竹木简上写字不过瘾，缣帛又太贵，这成了一个难题。蔡伦就召集工匠想办

古代中国科学技术 3

法。经过几年的摸索,他们总结出了用树皮制造麻纸的工艺。首先把构树皮、麻头、破布、旧渔网这些东西放进石灰水或草木灰水里浸泡,把里面的纤维泡开,再用刀子切碎、木杵捣碎,使之变成糊状,加水制成纸浆,然后用篾席捞浆,纸浆就在篾席上形成薄薄的一层,晒干以后揭下来就可以使用了。造纸的工艺虽然历代都有改进,但大致的步骤却都和蔡伦发明的一样。

公元105年,蔡伦把精心制作出来的纸张献给汉和帝。汉和帝大加赞赏,当即下旨,要求全国各地都使用这种改良的麻纸。

蔡伦的贡献还不止于此。汉和帝死后,邓皇后(邓太后)掌握了朝政大权。她召集了一些大臣和儒生校订朝廷的藏书,由蔡伦负责这件事。蔡伦借此机会,把朝廷藏书全都用麻纸抄写一遍,还把副本下发到郡县一级收藏。从那以后,人们渐渐习惯读纸本书了,麻纸也渐渐流传开来,普通的家庭也能有一点藏书了。由于蔡伦的功绩,邓太后封他为龙亭侯,他造的麻纸也就被人们称作蔡侯纸。

蔡伦造纸的原料是最常见的树皮、破布、麻头、废旧渔网等,造价低廉,便于大规模推广。但是后世的人对于纸的要求越来越高,各地的工匠也致力于改进工艺。比如西晋的时候,浙江一带就用藤类植物的纤维造纸。唐朝的时候,江南地区开发出用竹子造纸的技术,造出来的纸就叫竹纸。今天,竹纸的制造工艺已经被国家列为非物质文化遗产加以保护。

唐朝的时候,还出现了书画家钟爱的用檀树皮制作的纸,因

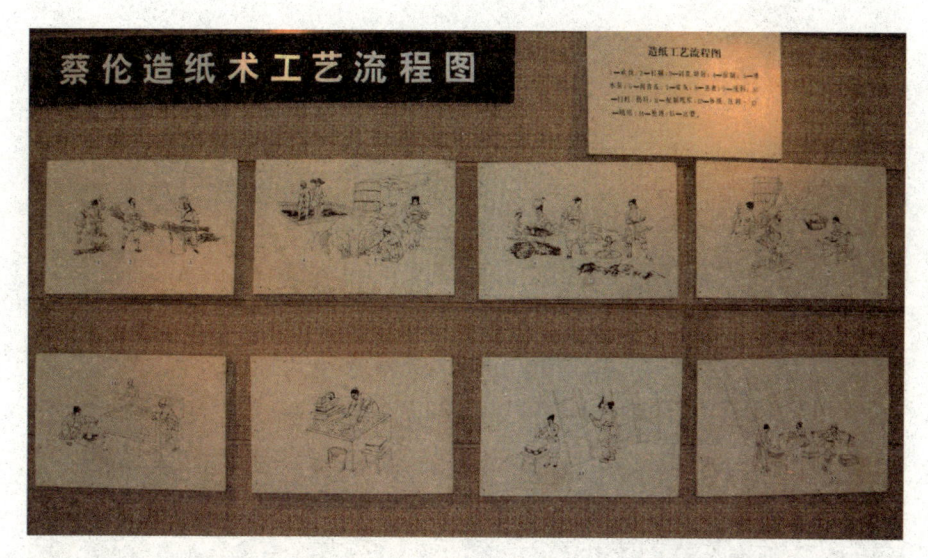

造纸流程/李军朝摄

为产地在宣州，所以叫宣纸。中国古代有"文房四宝"的说法，指的是文人书房里必备的四样物品——笔墨纸砚。其中的纸，通常就指宣纸。

造纸术发明后，很快就传播到了东亚各国。唐朝的时候，朝鲜的造纸技术已经很精湛，那里生产的纸运到唐朝境内出售，很受欢迎，称为高丽纸。

造纸术传到欧洲是经过阿拉伯人之手。公元751年，唐朝和新兴的阿拉伯帝国在中亚发生了一场战争，唐军战败之后，有一批擅长造纸的随军工匠被阿拉伯人俘虏了。随后，阿拉伯的撒马尔罕、巴格达等地就都有了造纸的作坊，不仅自己使用，还大量卖到欧洲去。到了12世纪，欧洲也有了造纸的工场。

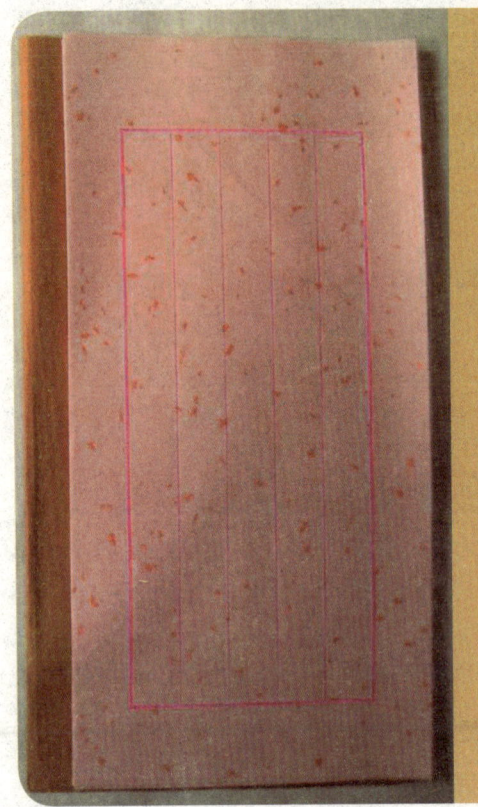

小链接:"薛涛笺"

唐朝有个叫薛涛的女诗人,住在成都。当地的浣花溪畔出产一种红色的纸,薛涛非常喜欢这种颜色,但是又嫌纸的尺寸太大,用起来浪费又没有情调,就让工匠们为她特制一种小尺寸的纸。她用这种纸写诗,和当时的大诗人元稹、白居易等人唱和,显得雅致脱俗。后来这种纸流行开来,就叫"薛涛笺"。

薛涛笺/silver age提供

印刷术

造纸术的发明,解决了书写介质的问题,但在印刷术发明之前,所有的"书"仍然需要手抄,不但耗费大量人力、时间,还很容易出现文字上的错漏。于是人们就尝试着以复制的方式解决这个难题。最先出现的是雕版印刷技术。

雕版印刷,首先要在木板上反刻阳文。通常的做法是,把一份写好的书稿反过来覆盖在木板上，雕刻工匠用刻刀把字迹覆盖不到的地方的木板削去一层，这样字迹覆盖的部分就凸出了，而且字迹是反过来的。到了印刷的时候，就在凸起的字体上刷上油墨，把纸张盖在上面，轻轻拂拭纸背，纸上就留下了正的字迹。一本书需要很多块雕版，这些雕版印出的纸张装订起来，就成了书。

雕版印刷技术至迟在唐朝就出现了。当时信奉佛教的人很多，信徒们常常印制佛经分发送人。玄奘法师取经归来后，就曾印制大批普贤菩萨画像赠给信徒。在朝鲜半岛和日本都曾发现雕版印刷的《陀罗尼经》。中国国内发现的最早的雕版印刷品是印于公元868年的《金刚经》，字迹清晰，画像精美，说明当时的印刷技术已经很成熟，工匠的手艺也很熟练。

印刷术的出现使得印书业兴盛起来，社会上流通的书籍大大增加了。印书业又分为官、私两种。官修书籍在宋代很发达。著名的《大藏经》，用了12年的时间才刻完，共刻了13万块板。宋版书不仅工艺精良，而且很讲究书法艺术。更值得称道的是，当时已经形成了校勘制度，每块刻板都要经过三次校对才能用于印刷，因而错误极少。除了官修书，当时的私人印刷业也很发达。宋朝的成都、杭州、建阳都是印书业发达的地方。

雕版印刷有它的优点，但也有缺点。优点是印刷品的质量高，字迹清晰，污迹少，而且雕版能保存很多年，可以多次重印。但刻板费时费工，大部头的书往往要花费几年时间，收藏又

《金刚经》/silver age 提供

要占用很大的地方，而且还容易变形、遭虫蛀和腐蚀。对于财力小、印数少的私人印刷业来说，雕版印刷技术的缺点就更为明显。在这种情形下，活字印刷出现了。

宋仁宗庆历年间，有一个叫毕昇的人，从事跟印书有关的工作。他感受到雕版印刷的各种缺点，就想出了用活字来排版的办法。

毕昇的活字印刷，具体来说是这样的：用胶泥做成一个个规格一致的毛坯，在一端刻上反体单字，笔画突起的高度跟铜钱边

毕昇/silver age提供

缘的厚度一样，用火烧硬，使之成为单个的胶泥活字。一般常用字都备有几个甚至几十个，遇到不常用的冷僻字，如果事前没有准备，可以随时做好随时使用。

胶泥活字按韵分类放在木格子里，贴上纸条标明，这样方便拣字。排字的时候，用一块带框的铁板作为底托，上面敷了一层用松脂、蜡和纸灰混合制成的药剂，把需要的胶泥活字拣出来一个个排进框内。排满一框就成为一版，再用火烘烤，等药剂稍微融化，用一块平板把字面压平，药剂冷却凝固后，就成为版型。印刷的时候，只要在版型上刷上墨，覆上纸，用刷子刷一下，墨迹就印到了纸上。为了可以连续印刷，就用两块铁板，一版印刷，另一版排字，两版交替使用。印完以后，用火把药剂烤化，

活字印刷术

用手轻轻一抖，活字就可以从铁板上脱落下来，再按韵放回原来的木格里，以便下次使用。

　　毕昇的活字印刷术，使用的材料很简单，工艺流程也显得很原始，但基本的道理和步骤却是非常先进和合理的。后世的人们对活字印刷术进行了各种改进，但基本的原理和流程都是一样的。毕昇的事迹，记载在同时代科学家沈括的《梦溪笔谈》里。沈括还提到，毕昇的活字印刷工具后来被他的本家侄子得到了。可能是因为毕昇身份卑微，沈括并没有提到他的职业、生平等，

活字版/silver age提供

但对活字印刷的流程却记载得很详细，因此他的记载可信度很高。毕昇作为活字印刷术的发明人是当之无愧的。

毕昇还试验过木活字印刷，可是发现木料纹理疏密不匀，沾水后容易变形，还容易和药剂粘在一起不容易分开，所以没有采用。到了元朝，一个叫王祯的县令改进了木活字。他用木活字印刷了当地的县志。印刷过程中，他还发明了转轮排字架，也就是把装满活字的字盘做成两个可旋转的架子，让排字工人坐在两个架子中间，想要寻找哪一个字模，只需把排字架旋转一下，把那个字模所在的区域移到自己面前，伸手拣取就可以了，这样大大提高了效率。

由于雕版印刷和活字印刷各有优缺点，因而在几百年的时间里，中国境内的印刷业一直是两种印刷术并用。雕版印刷术后来发展出彩色套印技术，人们用这种技术印刷纸币。清朝乾隆年间的《英武殿聚珍版丛书》，是中国历史上规模最大的一次木活字印书，共使用枣木活字253 500个。最大的铜活字印刷工程是雍正年间成书的《古今图书集成》，使用的铜活字可能有100万—200万个。

活字印刷术发明后，很快就传播到东亚各国。1337年，朝鲜人用金属活字印制了《白云和尚抄录佛祖直指心体要节》，这是现今发现的最早的金属活字印刷品。元朝的时候，活字印刷术经波斯、埃及等地传入欧洲。有资料表明，德国的谷登堡发明印刷机是受到了来自中国的活字印刷术的影响。

小链接：谷登堡

约翰内斯·谷登堡（1397—1468），德国人，他把当时欧洲已有的多项技术整合在一起，发明了铅字的活字印刷，很快在欧洲传播开来。他还发明了铸字盒、冲压字模、铸造活字的铅合金、木制印刷机、印刷油墨等一整套印刷工艺。谷登堡的印刷术使得印刷品变得非常便宜，印刷速度大幅提高。印刷量的增加，也使得欧洲的文盲大量减少。谷登堡的铅活字印刷术是后世使用的活字印刷的直接源头，对人类文明贡献巨大。

火药

火药是中国古代的道士们炼丹的副产品。炼丹术最早可以追溯到先秦时代的方士，秦始皇和汉武帝都曾经招纳方士，寻求长生不老之术。皇帝和达官贵人们对长生不老的渴望推动着炼丹术的发展。

东汉时期有个炼丹家叫魏伯阳，写了一本《周易参同契》，这本书被认为是炼丹术的经典之作，记述了一种"还丹"的炼制方法。到了东晋，道士葛洪写了一本《抱朴子》，其中也记述了几种丹药的炼制方法。唐朝的孙思邈，既是名医也是炼丹家。他在炼制丹约的过程中发现了一个诀窍——伏火。他已经认识到，硝石、硫磺、木炭混合点火容易爆炸，因此炼丹时必须预先去掉其易燃易爆的火性（即"伏火"），防止爆炸。而硝石、硫磺、木炭的组合正是现代火药最基本的配方。

到了晚唐时期，这个配方流传出来，被军事家得到了，很快就应用在战争中。10世纪初，在攻城战中就有"发机飞火"的战例，也就是在箭杆上绑上火药包，或用投石机发射火药包，让火药在敌方阵营里燃烧以制造混乱。

宋朝时期，因为面临与辽夏两国不间断的战争，又缺乏骑兵，就特别重视武器的研发。北宋的曾公亮曾经主编过一部军事著作《武经总要》，里面记述了多种火药武器。比如蒺藜火球，用沥青、干漆、桐油、蜡等易燃物混合，布设在敌方骑兵必经之处，烧伤敌兵战马；毒药烟球，含有巴豆、砒霜等刺激性有毒物

古代炼丹炉

质,投向敌阵后引起烟雾,使敌兵中毒乃至丧失战斗力;还有一种霹雳火球,点燃后会发出巨大声响。

指南针

早在春秋战国时期,中国人就已经发现了磁石吸铁的现象。《管子·地数》篇中说:"上有磁石者,其下有铜金。"《吕氏

> **小链接:火药**
> 中国古代发明的火药,现代称为黑火药,一般是由硝酸钾75%、硫10%、木炭15%混合而成。由于黑火药威力较小,不能满足军事和工矿业的需要,19世纪时,诺贝尔等科学家又发明了黄色炸药,威力大增。

春秋》里更加明确地说:"磁石召铁。"

不仅如此,当时的人们已经知道利用磁石的特性来指示方向了。《韩非子》一书中提到:"先王立司南以端朝夕。"东汉王充在《论衡》中描述过司南的样子:它的外形像个勺子,用天然磁石磨成,勺底是球面,勺体呈椭圆状,勺柄渐渐缩成柱状。为了确定方向,还配有一个"地盘",用铜做成,或者用表面涂漆的木头做成,中央是平滑的圆槽,形状可能是内圆外方,框上有刻度,用干支和八卦等表示方位。把勺放在地盘中央,勺柄就会大致朝南。

到了北宋时期,人们发现了人工制造磁铁的方法。《武经总要》里记载:把薄铁片加工成鱼的形状,放在炭火里烧红,用钳子夹出来,使鱼尾对着北方、

司南/silver age提供

小链接:磁石召铁

北魏时期的地理学家郦道元在《水经注》里记载,秦国阿房宫用磁石制成大门,防止有人进宫谋刺暗杀。如刺客暗披盔甲、暗藏兵器入宫,就会被门吸住。不过这个说法的真假还没有被证实。

鱼头对着南方，然后把鱼尾放到水里蘸一下，取出以后放到密闭的器皿里，这个铁鱼就有了轻微的磁性，可以用来指示南北，称为"南鱼"。"南鱼"的工作原理，其实是借助地球磁场使铁片磁化。

几十年后，沈括在《梦溪笔谈》中也记载了一种人工制造磁铁的方法：以铁针摩擦磁铁，铁针就可以被磁化。这个方法简单易行，而且制成的磁针磁性较强，可以用来制作指南针。沈括也详细记载了指南针的几种制作方法：

1. 水浮法——磁针穿上几根灯心草，浮在水面上，就可以指示方向；

2. 碗唇旋定法——磁针搁在碗口边缘，磁针可以旋转，就可以指示方向；

3. 指甲旋定法——磁针搁在手指甲上面，指甲面很光滑，磁针能旋转自如指示方向；

4. 缕悬法——磁针中部涂蜡，粘一根蚕丝，挂在没有风的地方，就可以指示方向了。

沈括还对四种方法做了比较，他说水浮法的最大缺点是水面容易晃动，影响测量结果。碗唇旋定法和指甲旋定法，由于摩擦力小，转动很灵活，但容易掉下来。沈括认为缕悬法是比较理想又切实可行的方法。

指南针出现以后，有两个用途，一是用在风水堪舆上，二是用在航海上。指南针用在航海上，大致是北宋末年的事。公元

1124年，宋朝大臣徐兢从海路出使朝鲜半岛。他在自己写的书里提到，海船确定方向是靠星辰的指引，如果阴天观察不到星辰，就使用"指南浮针"来确定方向。南宋人写的诗里，有"浮针辨四维"的句子，说明指南针的应用在当时已经十分普遍了。

古代中国是海上丝绸之路的起点，在当时就能造很大的海船，远洋贸易很兴盛。指南针一出现，很快就在航海业推广了。

指南针/silver age提供

指南针被用于航海业

指南针出现以前，海船只敢在沿海地区航行，往往要绕很远的路。指南针推广以后，在远离海岸的地方也探索出了航线。当时的航海业者把这些航路称为"针路"，还出现了专门记载针路的

> **小链接："慈石"**
> 古代中国人认为，磁石吸铁，就像慈母怀子，因此在先秦的许多文献中，经常把"磁石"写作"慈石"。

> **小链接："指南鱼"和"指南龟"**
>
> 南宋人陈元靓在《事林广记》中介绍了制造指南鱼和指南龟的方法，表明当时指南针的种类很多。
>
> 指南鱼是用木头刻成鱼形，有手指那么大，鱼肚子里放进一块天然磁铁，磁铁的南极指向鱼头，用蜡封好后，从鱼口插入一根针，指南鱼就做好了。指南鱼浮在水上，鱼头指南。
>
> 指南龟是把一块天然磁石放置在木刻龟的肚子里，在龟肚子下方挖一个光滑的小孔，放在直立在木板上的竹钉上，这样木龟就被放置在一个固定的、可以自由旋转的支点上了。由于支点处摩擦力很小，木龟可以自由转动指南。

著作。一代又一代的航海者探索新的针路，修正旧的针路，为海上丝绸之路的繁荣做出了重要贡献。

指南针大约在12世纪末13世纪初，沿着海上丝绸之路传到了阿拉伯，然后又由阿拉伯传入欧洲，成为西方航海家远洋探险的重要工具。当时西方国家有计划地海外探险，天文、地理、造船、航海技术的配合，再加上指南针的使用，促成了西方一连串的海外探险，比如哥伦布（约1451—1506）发现美洲大陆、麦哲伦（约1480—1521）的环球航行，开创了波澜壮阔的大航海时代。

第二章　数学

"四大发明"是中国古代科技史上最辉煌的篇章,但显然不是中国古代科技成就的全部。中华文明源远流长,古代中国人在数学、天文学、地理学、医学、农学、建筑学、化学等各个领域,都有过骄人的成就。

在西周时期（公元前11世纪—前8世纪）,贵族子弟都要学习六门课程——礼、乐、射、御、书、数,这就是"六艺"。其中的"数"就是数学。到了公元前6世纪,在思想家孔子的私学里,"数"仍然是重要的课程。成书于公元1世纪的《九章算术》,总结和记载了先秦和西汉前期的数学成就。南北朝时期,数学家祖冲之对圆周率的研究领先于世界,他的儿子祖暅研究出了球的体积公式。宋元时期,古代数学发展到了高峰期,秦九韶、李冶、杨辉、朱世杰这四位数学家在各自的领域取得了杰出成就。

中国古代还发明了一种独具特色的计算工具——算盘,它被称为"古代的计算机""中国的第五大发明"。算盘一直使用到今天。

早期数学成就的总结——《九章算术》

1984年,在一座西汉古墓里,出土过一些竹简,整理后发现这是一本名为《算数书》的数学著作,作者不详,时间可能是公元前3世纪或前2世纪。书里的内容涉及整数和分数的四则运算,还有比例问题、面积体积的计算、各种题目的解法。这些内容和《九章算术》的内容有些相似,因此人们猜想两者之间可能有些联系。

《九章算术》成书于公元1世纪左右,是我国古代著名的数学专著。它不是某个作者独自写成的,而是几代人经验的结晶,里面收集了很多和生活、生产相关的实用数学问题,内容十分丰富。

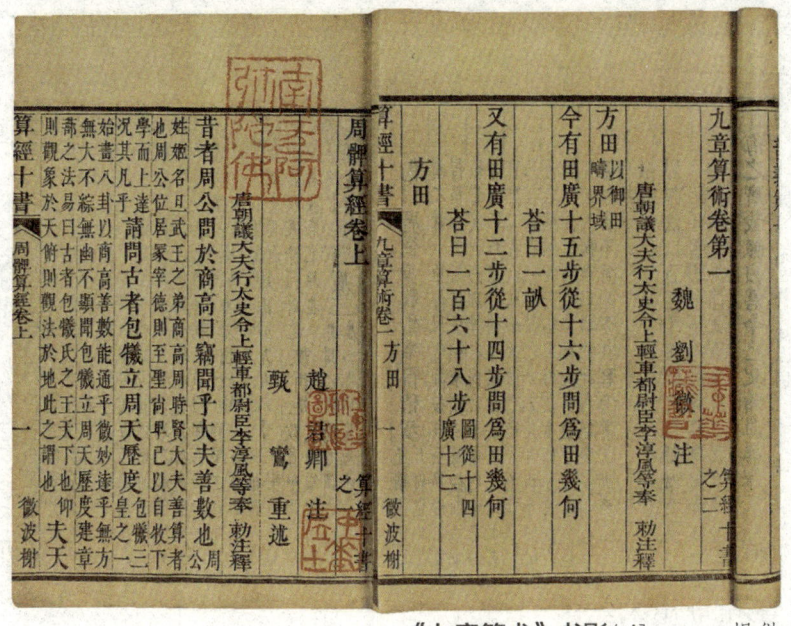

《九章算术》书影/silver age提供

古代中国科学技术 21

那么《九章算术》讲了哪些内容呢？

《九章算术》，顾名思义，分为九章。

第一章"方田"：也就是丈量田亩时经常用到的计算平面几何图形面积的方法，包括长方形、等腰三角形、直角梯形、等腰梯形、圆形、扇形、弓形、圆环这八种图形。另外还讲了分数的四则运算法则、求分子分母最大公约数的方法等内容。

第二章"粟米"：谷物粮食的按比例折换，提出了比例算法和比例分配法则。

第三章"衰分"：按比例分配（钱物等）的问题。

第四章"少广"：已知面积、体积，反求其一边长和径长等。值得注意的是，这一章里介绍了开平方、开立方的方法，这是世界上最早的多位数和分数开方法则，奠定了中国在高次方程数值解法方面长期领先世界的基础。

第五章"商功"：介绍了工程建设中时常遇到的土石工程、体积的计算方法。

第六章"均输"：为了合理摊派赋税，构成了包括正反比例、比例分配、复比例、连锁比例在内的整套比例理论。直到15世纪末，西方才有类似的全套方法。

第七章"盈不足"：也就是"双设法"问题。提出了"盈不足""盈适足和不足适足""两盈和两不足"三种类型的盈亏问题和解法。这在当时也是处于世界领先地位的成果，传到西方后，影响非常大。

第八章"方程"：主要是讲一次方程组问题。采用分离系数的方法表示线性方程组，提出了世界上最早的完整的线性方程组的解法。在西方，直到17世纪才由数学家莱布尼兹提出完整的线性方程的解法法则。这一章还引进和使用了负数，提出了正负数的加减法则，解线性方程组时还运用了正负数的乘除法。这是世界数学史上一项重大的成就，人们第一次突破了正数的范围，扩展了数系。而直到7世纪，印度人才认识负数。

第九章"勾股"：利用勾股定理求解各种问题，提出了勾股数问题的通解公式。在西方，毕达哥拉斯、欧几里得等人，仅仅得到了这个公式的几种特殊情况，等到有数学家取得相近结果时，已经比《九章算术》晚约3个世纪了。"勾股"这一章里还有些内容，西方直到近代才了解，比如最后一题给出的一组公式，直到19世纪末才由美国的数论学家迪克森得出。

《九章算术》收有246个问题，是"算经十书"中最重要的一部书。它系统总结了战国、秦、汉时期的数学成就，是当时世界上最简练有效的应用数学，它的出现标志中国古代数学形成了完整的体系。原作本来还有插图，很可惜，现在传下来的版本只剩下正文了。

当然，《九章算术》也是有缺点的，它没有任何数学概念的定义，也没有给出任何推导和证明。公元263年，数学家刘徽在研究《九章算术》的时候，看到书里只有题目和题目的解法，至于为什么要这样解，书里没有说。为了让初学者比较容易入门，他就专门给这本书作了注,这就是《九章算术注》。刘徽在作注的时候,不仅整理了前人的解题思路,进行了理论上的思考,还有不少开创性的成就。

作为一部世界数学名著,《九章算术》早在隋唐时,就已经传入朝鲜、日本,对这两个国家古代数学的发展影响很大。

唐宋两代,《九章算术》都是国家明令规定的教科书。到了北宋,《九章算术》还由政府刊刻(1084年),这是世界上最早的印刷本数学书。可以说,这是《九章算术》为数学发展做出的又一杰出贡献。

《九章算术》的一些知识还传播至印度和阿拉伯,甚至经过这些地区远至欧洲。关于双设法的问题,在阿拉伯曾称为契丹算法,13世纪以后的欧洲数学著作中也有如此称呼的,这也是古代中国数学知识向西方传播的一个证据。

刘徽、祖冲之和圆周率

人们在生产和生活中时常遇到圆形,难免需要计算圆形的周长,这时就需要圆周率,即圆周长与直径的比。圆周率在科学和生产上的应用非常广泛,所以中外许多科学家都费尽心力,希望求得一个尽可能精确的值。关于圆周率最早的记载来自古巴比伦,数值是3.125。中国古书《周髀算经》提到"径一而周三","径"是直径,"周"是周长,"三"也就是圆周率的值了。

数学家刘徽在《九章算术注》里，提出用割圆术来计算圆的周长。割圆术实际是把圆看作一个正n边形，当n趋向无穷大的时候，正n边形也就无限地接近于圆。按照这个思路，圆的周长的计算就转化成了正n边形的边长的计算。刘徽说："割之又割，以至于不可割，则与圆周合体而无所失矣。"

公元5世纪，数学家祖冲之利用割圆术计算圆周率的值。

祖冲之计算出的π值，在3.1415926到3.1415927之间。这个数值在当时是最准确的。直到15世纪，阿拉伯数学家卡西才打破祖冲之的记录，推算出更为精确的圆周率值。

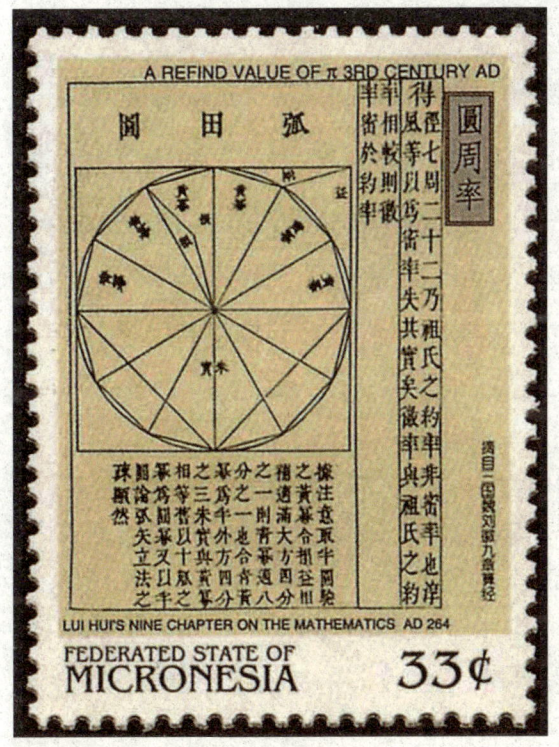

除了在圆周率上的贡献，祖冲之和祖暅还编写了一本数学专著——《缀术》。因为这本书十分深奥，当时的官员们根本看不懂，就弃之一旁。到了唐朝，它才重见天日，被列为"算经十书"之一，可惜今天已经失传了。

表现圆周率计算方法的纪念邮票/silver age提供

祖冲之

祖冲之的儿子祖暅也是一位成就卓越的数学家。他提出了有关球的体积的"祖暅原理",即"幂势既同则积不容异",意思是等高的两个立体,若其任意高处的水平截面积相等,则这两个立体体积相等。

小链接:"算经十书"

唐朝的时候,把《周髀算经》《九章算术》《海岛算经》《孙子算经》《张丘建算经》《五曹算经》《五经算术》《夏侯阳算经》《缀术》《辑古算经》定为算学教材和考试用书,称"算经十书"。其中,《周髀算经》成书于公元前1世纪,主要是一部天文学著作,但也涉及数学;《海岛算经》是刘徽《九章算术注》的最后一篇,后人把它摘出来单独成书；《孙子算经》作者不详，估计在魏晋南北朝时期成书，书里提出了著名的"孙子问题"；《张丘建算经》成书于公元5世纪，提出了一些与等差级数有关的题目；《五曹算经》《五经算术》都出自甄鸾之手，时间是公元6世纪，主要解决军队里后勤方面常遇到的数学问题；《夏侯阳算经》已经失传，可能是唐朝人的著作；《辑古算经》是唐朝王孝通的著作，主要是讲述工程中遇到的体积、土方计算等问题。

中国古代数学的高峰——宋元四大家

宋元两朝更替的13世纪，中国先后出现了4位杰出的数学家——秦九韶（约1208—1261）、李冶（1192—1279）、杨辉（13世纪）、朱世杰（13世纪—14世纪）。

秦九韶出生在四川，做过南宋的官，同时代人在提到他时说："性极机巧，星象、音律、算术以至营造等事，无不精究。"在母亲去世时，他回家守孝，潜心于数学研究，几年之后（1247年）写成了《数术大略》，后来改名叫《数书九章》。

《数书九章》是对《九章算术》的继承和发展，概括了宋元时期中国传统数学的主要成就，标志着中国古代数学的高峰。和《九章算术》一样，这本书也采用了问题集的形式，全书一共有81个问题，分为9类：1. 大衍(介绍推算历法的数学原理)；2. 天时（历法计算、降水量）；3. 田域（土地面积）；4. 测望（勾

《数书九章》书影/silver age提供

股、"重差术");5.赋役(税收);6.钱谷(粮谷转运、仓窖容积);7.营建(建筑、施工);8.军族(营盘布置、军需供应);9.市物(市场交易、利息)。

《数书九章》有两个超越前人的贡献：

一是"正负开方术"，实际上是高次方程的数值解法。《数书九章》里有4道三次方程的题目、4道四次方程的题目、1道十次方程的题目。秦九韶把北宋数学家贾宪的解法发扬光大，创造了"正负开方术"来解出这些题目。这在当时是领先于世界的。

二是"大衍求一术"，实际上是联立一次同余式解法。这个问题来自《孙子算法》里的一道题："今有物不知其数，三三数之剩二；五五数之剩三；七七数之剩二。问物几何？"这道题有很多种解法，秦九韶用自创的"大衍求一术"，给出了这个问题的通用解法。他的解法得到后世科学家的高度评价，被命名为"中国剩余定理"。

小链接："韩信点兵"

传说，汉朝的大将韩信计算士兵数目的方法十分特别，他不是五个五个地数或十个十个地数，也不要士兵"一、二、三、四、五……"地报数，而是叫他们排起队伍，依次在他面前列队行进：先是一排三人，再是一排五人，然后是一排七人。他只将最后一排士兵的数目记下来，就知道了士兵的总数。根据这个故事，后人就把这种算法称为"韩信点兵"。

李冶是河北人，曾经在金国和元朝做过官。他的主要贡献是天元术，著有《测圆海镜》。天元术就是古代中国的代数学，天元指的就是未知数。在李冶之前，数学家们虽然也能解方程，但程序很繁琐，符号不通用。李冶把符号和程序大大简化，发明了负号和较为简洁的小数的写法，对天元术（代数学）的发展成熟起到了重要作用。

在离开官场以后，他以教授学生为业。因为《测圆海镜》过于深奥，初学者很难入门，李冶又撰写了《益古演段》，供初学者研习。《益古演段》共有64题，每一道题目，李冶都用代数和几何两种方法来解答，实际上是用传统的几何法来解说、论证天元术。

杨辉是杭州人，生卒年不详，只能大致推测他活动的年代。他的主要贡献，一是改进筹算法，使算筹计算更为简洁、快速；二是记录、研究各种纵横图。如著名的杨辉三角：

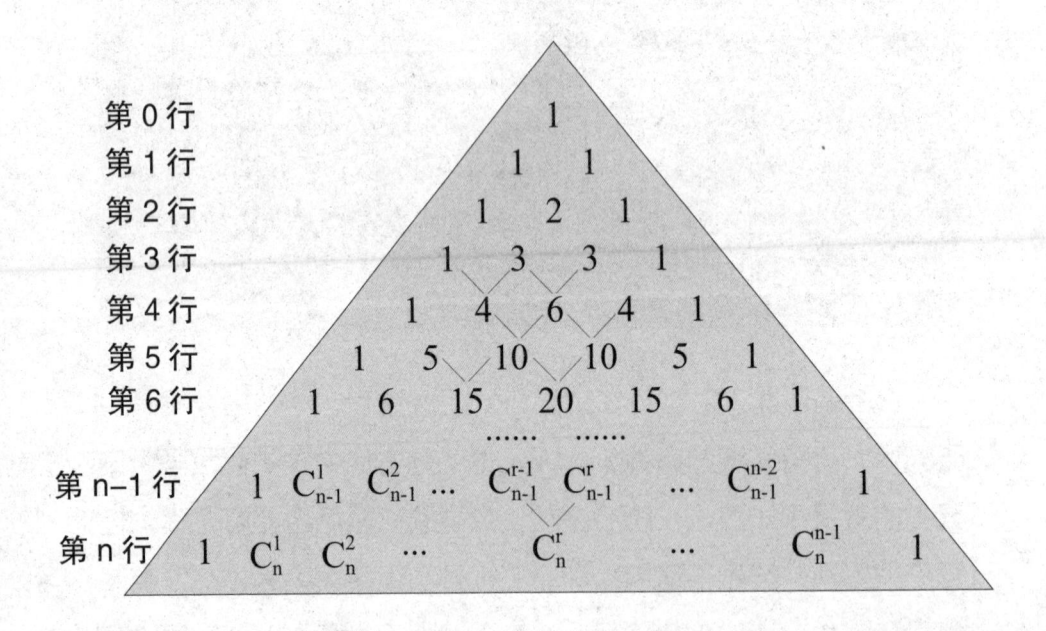

第 0 行　　　　　　　　　　1
第 1 行　　　　　　　　　1　　1
第 2 行　　　　　　　　1　　2　　1
第 3 行　　　　　　　1　　3　　3　　1
第 4 行　　　　　　1　　4　　6　　4　　1
第 5 行　　　　　1　　5　　10　　10　　5　　1
第 6 行　　　　1　　6　　15　　20　　15　　6　　1
　　　　　　　　　　　　……　……
第 n−1 行　　1　C_{n-1}^{1}　C_{n-1}^{2}　…　C_{n-1}^{r-1}　C_{n-1}^{r}　…　C_{n-1}^{n-2}　1
第 n 行　　1　C_{n}^{1}　C_{n}^{2}　…　　　C_{n}^{r}　　　…　C_{n}^{n-1}　1

杨辉三角

里面的数字排列很有规律：左右两侧的最外面一层数字都是1，而其他位置上的数字都是它上面两个数字的和。这个三角最早是由北宋数学家贾宪发现的，贾宪用它来做高次开方运算。杨辉在自己的著作里引用了这张图，所以，"杨辉三角"也可以叫作"贾宪三角"，它实际上是二项式系数的展开式。这个发现比欧洲的帕斯卡要早500年。

朱世杰被认为是四大家中最杰出的一位。他是北京人，曾经四处游学，教授学生，著有《算学启蒙》《四元玉鉴》。《算学启蒙》可能是朱世杰教授学生时使用的教材，里面的内容很全面，从较简单的四则运算到深奥的天元术，形成了一个由浅入深的知识体系。

《四元玉鉴》共收录288题，分为24门，是朱世杰一生数学成就的结晶。在这本书里，他把天元术发展为四元术，用天、地、人、物四元来表示四个未知数，以此列出多元高次方程组，并探索出了消元求解的方法。

他还把杨辉三角扩展为古法七乘方图，并在杨辉等人研究成果的基础上进一步研究了"垛积术"。"垛积术"是研究等差数列和等比数列的方法，其字面意义指的是酒坛、圆球等堆成垛以后以简洁的方法求出其数目。

在对"垛积术"深入研究的基础上，朱世杰对"招差术"进行了突破性研究。"招差术"，现代数学称为内插法，是指从某一函数在某一区间的两端点的已知值来确定或估计这一区间的其他点的值。朱世杰给出了四次内插法的一般公式。这个成果，领先了欧洲300多年。美国科学史家萨顿评价朱世杰"是中华民族的、他所生活的时代的、同时也是贯穿古今的一位最杰出的数学科学家"。遗憾的是，朱世杰之后，中国传统数学便走向没落，逐渐落后于世界先进水平，直到17世纪西方数学体系传入中国，才在新的基础上重新发展。

算盘

1954年，在长沙左家公山一座战国晚期的墓里，出土了一个竹筒。里面装有天平、砝码、毛笔等物品，还有40根同样长短、粗细的竹棍。考古学家们考证说，它的名字是算筹，是今天仍在使用的算盘的前身。

算筹是怎么使用的呢？简单地讲，它是通过把小竹棍（也有用木头、骨头和金属制成的）横式或纵式摆放来表示1—9的数字；把这9个数字摆在相应的数位上表示十、百、千等，通常是个位用纵式，十位用横式，百位再用纵式，千位再用横式，万位再用纵式……如果某个数位为0，就用空位表示；然后再通过口诀来进行四则运算。

后来随着商业的发展，需要计算的账目越来越繁琐，算筹的效率低得让人难以忍受了，算盘终于应运而生。算盘出现的具体年份有很多争议。东汉的《数术记遗》这本书里，有关于珠算的最早记载，从那时候算起，算盘应该有1800年的历史。在宋朝

算盘

画家张择端的名画《清明上河图》里，一家店铺的柜台上就放着一把算盘，形状和今天使用的差不多。

算盘一般为木质的（也有竹制的、骨制的，还有铜、铁、玉、景泰蓝、象牙等材质的）长方形木框，长度跟电脑键盘差不多，比键盘略宽，有一道横梁，还有档，一般为9档、11档或13档，档上串有算珠，梁上2颗，梁下5颗。梁上一颗代表"5"，梁下一颗代表"1"。

珠算时采用"五升十进制",即每一档"满5"时便用一粒上珠表示,每一档满"10"时便向前一档"进1"。这么看来,每一档只要用上一下四珠就够了,为什么算盘是上二下五珠呢?

　　原因之一是,我国古代计算重量时采用的是"十六两制",一斤等于十六两。成语"半斤八两"就是由此而来的,半斤就是八两,八两就是半斤。算盘上二下五珠,每一档可计算到"15",这样"满16"就向前一档"进1"。

　　使用算盘计算,也需要记诵口诀。这些口诀也是从算筹的歌诀演变来的。使用这些口诀,可以把比较复杂的乘除运算转化为简单的加减运算,节省时间也节省精力。有些口诀,还演化成了俗语。比如"一推(退)六二五"表示推卸责任,"二一添作五"表示两下里平分。

　　元朝时,算盘已经在我国广泛使用。明朝时,算盘已经进入寻常百姓家,出现了很多有关珠算的书,用珠算可以开平方、开立方。珠算还逐步传入日本、朝鲜、泰国等地,对周边地区的文明产生了很大的影响。

第三章　天文学

　　中国古代在形容一个人学识渊博时，常说他"上知天文，下晓地理"，可见天文学在中国文化中的地位。传说早在4000年前，五帝之一的尧就设立了天文官，派他们到东南西北四个方向去观测天象，编制历法。以后的历朝历代都设立专门的机构和官职，掌管天文观测和修订历法。中国历代史书中保存有丰富的天文观测记录，尤其是对恒星和彗星的观测资料十分丰富；有成就的天文学家层出不穷，如郭守敬、苏颂、落下闳等人各领风骚；天文仪器方面屡有发明创造，以苏颂等人设计的水运仪象台、郭守敬改进的简仪最为精妙；天文学著作和历法也有大量存世，如落下闳等人编制的《太初历》，堪为中国式阴阳历的典范。

　　中国古代天文学在明代趋于没落，原因是明朝皇帝禁止民间研习天文和历法，到了明朝末年，政府想要修订历法，居然只能求助于西方传教士。清朝以及近代，西方传教士们教授的西方天文学成了中国天文学的主流。

浩若烟海的天文观测资料

1986年，全球天文爱好者喜笑颜开，欢庆著名的哈雷彗星如约归来。英国天文学家哈雷曾经推算出它的回归周期为76年—79年，并预测了它将于1758年回归。

但我们今天已经知道，最早发现哈雷彗星的并不是哈雷。《史记·秦始皇本纪》记载了秦始皇七年（公元前240年）的彗星，各国学者认为这是世界上最早的哈雷彗星记录。从公元前240年至1910年，中国科学家共29次记载了哈雷彗星的出现。公元前2世纪的《淮南子》一书中，有"武王伐纣，东面而迎岁……彗星出而授殷人其柄"的文字，如果这颗彗星也能确认为哈雷彗星的话，那么中国人和哈雷彗星的缘分就可以追溯到公元前11世纪了。

中国天文观测的历史之悠久、成果之丰富、观察之细致、记载之精确，都是举世罕见的。就彗星而言，早在2000多年前的先秦时期，古代天文学家就已经对各种形态的彗星进行了认真的观测，不仅画出了三尾彗、四尾彗，还似乎观察到今天用大望远镜也很难见到的彗核，这足以说明中国古代的天象观测是多么细致。

1973年，中国考古工作者在湖南长沙马王堆的一座汉朝古墓内发现了一批帛画，其中有29幅彗星图，称为《天文气象杂占》。图上除彗星之外，还绘有云、气、月掩星和恒星。天文学家认为这是到目前为止发现的世界上最古老的彗星图。

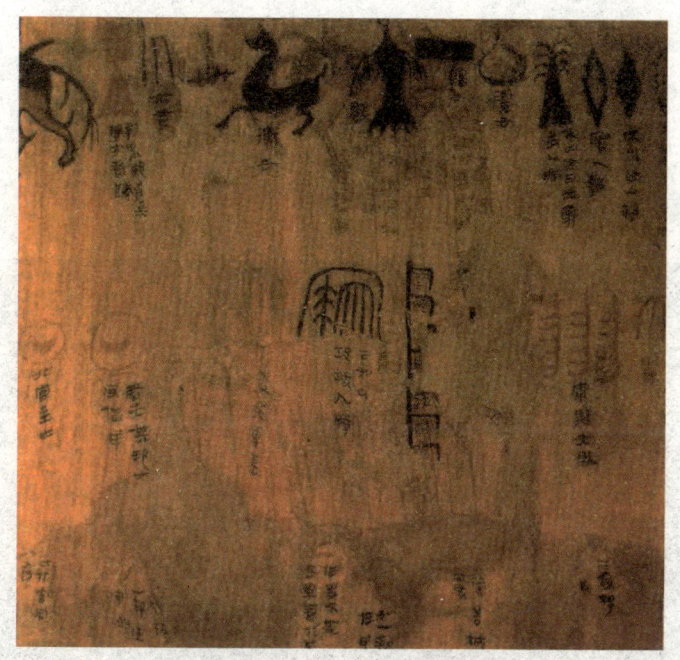

《天文气象杂占》中的彗星图/silver age提供

中国有不少关于太阳黑子的记录，如公元前约140年写成的《淮南子》里说："日中有踆乌。"意思是：太阳里有三足乌鸦。公元前165年的一次记载中说："日中有王字。"意思是：太阳里有"王"字。战国时期有一次记录描述为"日中有立人之像"，意思是：太阳里有站立的人的样子。更早的观察和记录，可以上溯到甲骨文字中有关太阳黑子的记载，离现在已有3000多年。

从公元前28年到明代末年的1600多年当中，中国共有100多次详细可靠的太阳黑子记录（公元前28年，西汉关于太阳黑子的记录是世界最早的太阳黑子记录），不仅记下了确切日期，还认真详细地描述了黑子的形状、大小、位置、分裂和变化等。这是中国也是世界的一份十分宝贵的科学遗产，对研究太阳物理和太阳的活动规律、地球上的气候变迁等，都是非常珍贵的历史资料，有重要的科学参考价值。

流星雨/silver age提供

中国古代对著名的流星雨，如天琴座、英仙座、狮子座等流星雨，各有多次记录。从公元前7世纪算起，中国古代至少有180次以上的流星雨记载，光是天琴座流星雨至少就有10次，英仙座的至少也有12次，狮子座流星雨有7次。中国古代观测天象的台址名称很多，如灵台、瞻星台、司天台、观星台和观象台等。现在保存最完好的是河南登封观星台和北京古观象台。

唐代的王希明总结了前人观测到的恒星，编了一首《步天

河南登封观象台/silver age提供

歌》，把全天划分成三垣二十八宿，用朗朗上口的歌谣描述出来，比如"北斗之宿七星明，第一主帝名枢精，第二第三璇玑是，第四名权第五衡，开阳摇光六七名，摇光左三天枪明"，讲的就是属于紫微垣的北斗七星。流传下来的《步天歌》，还配有三垣二十八宿的星图。

小链接：三垣二十八宿

三垣是指紫微垣、太微垣、天市垣；二十八宿分为东方七宿：角、亢、氐、房、心、尾、箕；南方七宿：井、鬼、柳、星、张、翼、轸；西方七宿：奎、娄、胃、昴、毕、觜、参；北方七宿：斗、牛、女、虚、危、室、壁。二十八宿包括辅官或附座星在内共有182颗星。

北宋时期，官府组织天文学家，进行了7次大规模的恒星观测，获得了宝贵的天文资料。第五次观测是在宋神宗时期进行的，当时的天文学家苏颂把这次观测结果汇总起来，绘制了一幅星图，共记录了1464颗星。到了南宋，文人黄裳给太子当老师，绘制了一幅星图作为教授天文学的教具，依据的也是第五次恒星观测的资料。黄裳的星图流传了几十年后，被刻在石碑上，这是世界上最早的石刻星图。元代的郭守敬（1231—1316）等天文学家也组织过大规模的恒星观测工作，可是观测结果大都遗失了。

独具特色的阴阳合历

从远古到汉武帝颁布太初历之前，中国使用过六部历法，分别是黄帝历、颛顼历、夏历、殷历、周历、鲁历，称为"古六历"。它们的特点是每年都有365又1/4日，因此又称"四分历"。夏历传说是夏朝使用的历法，但并没有足够的证据，我们今天也把农历（阴历）称作夏历，但这和古夏历没有关系。

古六历都是阴阳合历。现在，这些古老的历法都已经失传了，只能在文献中找到零星的资料。秦朝使用的是颛顼历，汉朝初年沿用了下来。到了汉武帝年间，皇帝感到颛顼历有很多与实际天象不符的地方，便下令编制新历法。全国各地的天文学家、历法专家共提出了18个历法改革方案，经过天文观测验证，太初元年（公元前104年），汉朝政府颁布了由邓平、落下闳等人编

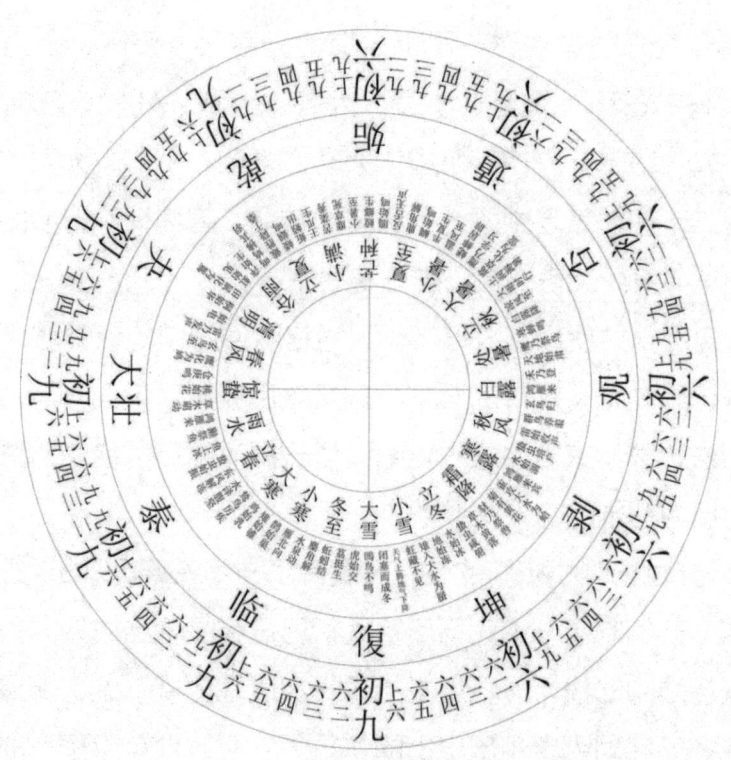

二十四节气物候图/silver age提供

制的历法，这部历法称为太初历。

太初历是一部极具中国特色的历法：它是典型的阴阳历，兼有阳历（以地球的一个回归年为历法上的一年）和阴历（以月亮的一次圆缺为历法上的一个月）的特征；它经过实测检验而不是单纯的理论推演；它创造性地把二十四节气编进了历法，使得这部历法能有效地指导农业生产。

二十四节气是依据季节、气候、物候等特征把一年分为二十四段，每段大约有15天，每月一般有两个节气。一年里的二十四节气分别是立春、雨水、惊蛰、春分、清明、谷雨、立夏、小满、芒种、夏至、小暑、大暑、立秋、处暑、白露、秋分、寒露、霜降、立冬、小雪、大雪、冬至、小寒、大寒。独具特色的二十四节气是中国人民智慧的结晶，它使得不识字的农民也能根据节气所代表的含义安排农业生产。

太初历一共使用了188年，因为它对回归年的计算偏大，为了纠正这个缺陷，东汉的天文学家又先后编制了汉四分历、乾象历等历法，数学家祖冲之也曾编订过一部大明历，这些历法都是以太初历为范本的。

公元7世纪时，初唐的李淳风编制了一本乾德历。8世纪的时候，僧一行编制了一本大衍历。大衍历已经是相当成熟的历法。在编制历法的时候，一行还主持了一次大地测量。这次测量，用实测数据彻底地否定了历史上的"日影一寸，地差千里"的错误理论，并测出了地球子午线一度弧的长度。这是历史上首次对子午线长度进行实测，虽然误差较大，但是意义十分重要大。

1280年，元朝的郭守敬等科学家编制的授时历，是中国使用时间最长的一部历法。授时历所推算的回归年长度是365.2425天，这个数字和今天测定的地球绕太阳公转的时间相比，只有26秒的误差。为了编制这部历法，郭守敬主持了规模空前的"四海测验"。郭守敬在全国各地设立了27个观测站，最东面在朝鲜半岛，最北面在西伯利亚，最南面在中国南海。

天文学家和天文著作

《夏小正》是《大戴礼记》里的一篇，有人认为它成书于战国时期，但里面记载的内容却是有关夏朝的。它按一年十二个月，分别记载每月的物候、气象、星象和重大事件，特别是生产方面的大事。

《夏小正》所记载的恒星有参、昴、大火、织女、北斗等，如："正月鞠则见，初昏参中""三月参则伏""四月昴则见，初昏南门正""八月辰则伏""九月内火""十月初昏南门见，织女正北乡则旦"等。

《甘石星经》其实是两部书的合称，它的作者是春秋战国时代的甘德和石申。春秋战国时期，天文学蓬勃发展，从事天文观测和研究的天文学家很多，留下姓名的有鲁国的梓慎、晋国的卜偃、郑国的裨灶、宋国的子韦、齐国的甘德、楚国的唐昧、赵国的尹皋、魏国的石申。甘德和石申是这些天文学家中的佼佼者，他们的著作被后人合在一起，称为《甘石星经》。

《甘石星经》的主要成就有两个：

第一个成就是测定了几个行星（如水星、金星、木星）的会合周期。所谓会合周期，指的是行星两次和太阳在同一方向上运行所间隔的时间，或两次和太阳相背而行的间隔时间。他们已经发现了火星和金星的逆行现象。

第二个成就是以二十八宿为主要内容的恒星表。二十八宿就是沿着黄道和天赤道把天区划分成28个区域，石申以二十八宿为

《甘石星经》星象图/silver age提供

基础绘制了"石氏星表"。这是世界上最早的恒星表，比希腊天文学家伊巴谷在公元前2世纪编制的欧洲第一个恒星表早约200年。《甘石星经》记录了800多个恒星的名字，测定了121颗恒星的方位，划分星宫，对后来的天文学发展有很大的影响。

另外，公元前1世纪时出现的《周髀算经》，原名《周髀》，它在唐朝被列为"算经十书"之一，里面有中国最早的勾股定理的记载。不过这本书里的数学知识是为天文学服务的，本质上是一部天文学著作。比如里面记载了如何用简单的方法计算太阳到地球的距离：先在全国各地立一批一样长的竿子，记下各地竿影的长度和各地的距离，由此换算出太阳距离地球为十万里。现在我们都知道地球和太阳的距离约为1.5亿千米，数值差得很多。原因很简单，因为汉朝人没有地圆的观念，所以在设计实验的时候，前提是建立在"地是平的"假设上的，加上观测设备很简陋，所以得到了相差十万八千里的答案。

> **小链接：《夏小正》**
> 《夏小正》里有大量物候学方面的资料，如正月里有"启蛰，雁北乡，雉震呴，鱼陟负冰"等内容，说的是一月份冬眠的虫子苏醒了，大雁往北飞，雉鸡鸣叫求偶，鱼儿浮上来贴近水面上的薄冰了。
> 　　有趣的是，里面还有对气候的记录，如三月"越有小旱"、四月"越有大旱"，是说这两个月天气干旱少雨。

> **小链接：《畴人传》**
> 清朝人阮元写的《畴人传》是一本天文学家、数学家的传记集，收集了几百位天文学家、数学家的生平和科学业绩，是研究中国天文学史的重要资料集。还有后人的《畴人传》续编，放宽了收录标准，基本上收录了所有中国古代的科学家。

浑仪

天文仪器的改进

中国最古老、最简单的天文仪器是土圭，也叫圭表，它是用来度量日影长短的。它最早出现的年代现在已经没法考证。

太初历编制者之一的落下闳，是一位有着多方面成就的天文学家。为了观测、验证一些天文常数，他做了一个圆球形状的浑仪，用来演示天象。浑仪由一个固定的赤道环和绕着极轴旋转的附有窥管的赤经环组成，使用它可以测到某颗星和北极之间的距离（即去极度）以及与二十八宿之间的距离（即入宿度），根据去极度和入宿度这两个指标就能确定这颗星的位置。

到了东汉时期，天文学家给浑仪增加了一个黄道环，另一位科学家张衡给它增加了地平环和子午环，使其用途更为广泛。

汉朝科学家还制造了另一种天文仪器——浑象。浑象是用来演示天象的，跟现在的天球仪有点像。浑象是汉宣帝时耿寿昌首创的，东汉的张衡则制造了水运浑仪，用漏壶流下的水流作为动力，匀速驱动浑仪，使之自动演示天象，构思精巧。

苏颂等科学家还做过一件前无古人的事——设计、制造了世界上第一座水运仪象台。水运仪象台，顾名思义，它是由水力驱动的，兼有浑象和浑仪的功能，除此之外还有报时的功能。

整个水运仪象台高12米，宽7米，共分3层，相当于一幢四

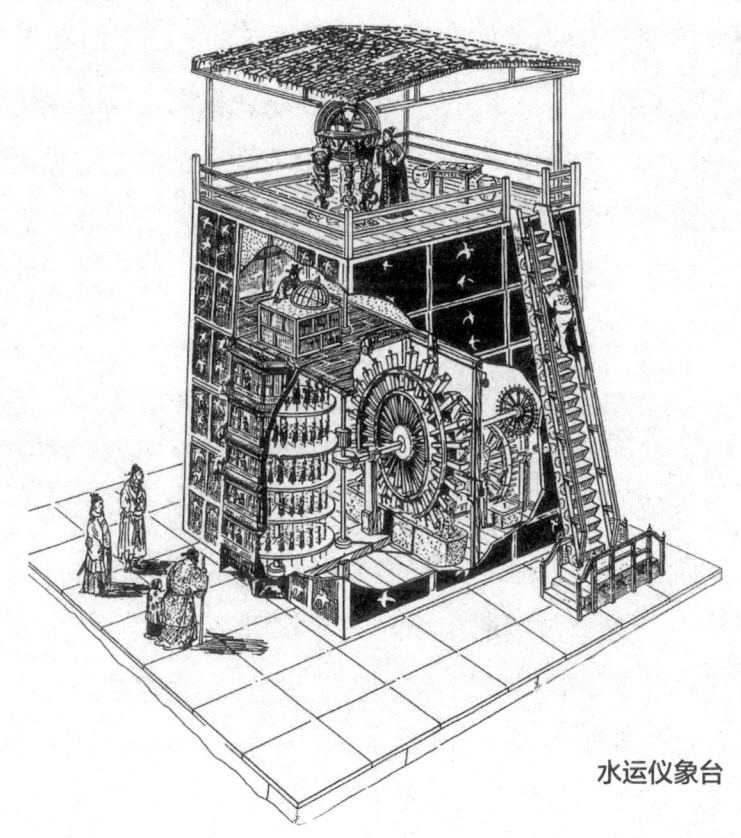

水运仪象台

层楼的建筑物。最上层的板屋内放置着1台浑仪，屋的顶板可以自由开启，平时关闭屋顶，以防雨淋，这已经具有现代天文观测室的雏形了；中层放置着一架浑象，一昼夜自转一圈；下层又可分成五小层木阁，每小层木阁内均安排了若干个木人，5层共有162个木人，它们各司其职，每到一定的时刻，就会有木人自行出来打钟、击鼓或敲打乐器、报告时刻、指示时辰等。在木阁的后面放置着精度很高的两级漏刻和一套机械传动装置，可以说这里是整个水运仪象台的"心脏"部分，用漏壶的水冲动机轮，驱动传动装置，浑仪、浑象和报时装置便会按部就班地运作起来。这座集观测天象的浑仪、演示天象的浑象、计量时间的漏刻和报告时刻的机械装置于一体的综合性观测仪器，实际上是一座小型的天文台，也是世界上最古老的天文钟。国际上对水运仪象台的设计给予了高度的评价，认为水运仪象台为了观测上的方便，设计了活动的屋顶，这是今天天文台活动圆顶的祖先。从水运仪象台可以反映出中国古代力学知识的应用已经达到了相当高的水平。

除了水运仪象台以外，其他天文仪器也不断得到完善和改进。以浑仪为例，李淳风、梁令瓒、沈括、郭守敬等科学家相继对其加以改进。唐朝的李淳风对浑仪做了较大的改进，设计出浑天黄道仪，这个仪器非常精巧，但物极必反，因为上面的环太多，在观测的时候过多的环会遮住视野，反而有些不方便了。为了解决这个问题，到了宋朝的时候，沈括开始删繁就简，首先取

简仪/silver age提供

消了白道环。郭守敬则提出了新的思路,把浑仪改进为简仪。

简仪放弃了传统的同心装置法。它共有四游、百刻、赤道、阴纬、立运五个环。其中四游、百刻、赤道三个环组成一个赤道装置;而阴纬、立运两个环组成一个地平装置,立于赤道装置之下。赤道装置和地平装置各自设有窥衡,窥衡两端设有十字线。

简仪在很多地方都有开创性的成就。它的赤道装置,是近代以来大型望远镜赤道装置的原型。它的地平装置是近代地平经纬仪的先驱,而窥衡上所设置的十字线实际上就是现代天文望远镜的十字丝。李约瑟博士在《中国科学技术史》中引用根舍的话说,欧洲人看作是文艺复兴后天文学主要进步之一的赤道仪,中国人在三个世纪以前就已经使用了。

可惜的是,郭守敬创制的简仪后来被当作废铜熔化了。今天,在南京紫金山天文台保存的简仪,是明代正统二年到七年间的复制品。

第四章　地理学

中国是世界上地理学发展最早的国家之一，古代常常把"天文"与"地理"合起来说，认为天文加地理是有关自然界的全部知识。

古代中国地理学起步早，地理学名著很多，各个时代都有杰出的地理学著作，比如《禹贡》《水经注》《徐霞客游记》等。另外，古代中国地理学在地图绘制方面成就突出，如"制图六体""重差术""计里画方"等先进的制图手法。

另外，古代中国出于各种原因和目的，和域外的各个国家打交道，也取得了杰出的域外地理学成果，比如《大唐西域记》《郑和航海图》《海内华夷图》等游记和地图。在仪器制作方面，东汉时期的张衡制作了世界上最早的地动仪，开启了世界地震研究的先河。

地图学

1973年，长沙马王堆汉墓出土了三幅地图。这三幅地图都绘制在丝织物上，一幅是地形图，一幅是驻军图，一幅是城市图，它们的绘制时间是西汉初年，距今2100多年。三幅地图的前两幅保存较好，第三幅损坏较严重。

以地形图为例，它长宽各96厘米，虽然没有注明比例尺和图例，但仍能轻易地分辨河流、山脉和居民点。从上向下逐渐变粗的黑线是当地较大的河流——潇水，山脉则以较粗的闭合曲线表示，小的居民点用圆圈表示，县城则用方框表示。县城之间有细线，这是道路。与普通地图不同的是，该地图以上为南，下为

马王堆汉墓出土的地图/silver age提供

北。与今天的当地地形图比较一下可以知道，河流和山脉等地形的位置相当准确，其比例尺大约是1∶180000，说明当时的测量技术已经有很大进步，可以测量复杂地形下的两点之间的距离。

汉代地图能这样精确，是有相当科学的测量方法作为基础的。测绘复杂地形和远方地物的时候，除直接测量一些地段外，还要进行间接测量，这就是"重差术"。《九章算术》有几道题目，讲述的就是利用相似三角形对应边成比例的原理来间接测远、测山高、测城邑大小的方法。

到了三国、西晋时期，裴秀（224—271）根据前人的实践总结了绘制地图的六项原则，也就是"制图六体"：

一为"分率"，用以反映面积、长宽之比例，也就是现在的比例尺；

二为"准望"，用以确定地貌、地物彼此间的相互方位关系；

三为"道里"，用以确定两地之间道路的距离；

四为"高下"，也就是相对高程；

五为"方邪"，也就是地面坡度的起伏；

六为"迂直"，也就是实地高低起伏与图上距离的换算。

"制图六体"是中国最早的地图制图学理论，也是当时世界上最科学、最完善的制图理论。它正确地阐明了地图比例尺、方位和距离的关系，对中国西晋以后的地图制作技术产生了深远的影响。

唐朝的贾耽用"计里画方"的方法画成了《海内华夷图》。

计里画方的具体做法，是在绘图前先画方格，方格中边长代表若干里数，相当于现代地形图上的方里网格，然后把山川、河流、城邑等需要表现的地图内容填充入每个方格。可以看出，这个方法和裴秀的"制图六体"原则是一脉相承的，只是更加具体化了，也容易操作。计里画方的方法，沿用了1500多年，在我国和世界地图制图学上占有重要地位。

自隋唐以后，地图开始和区域地理志结合在一起，以"图经"的形式出现（图经在《人文地理学与方志》一节还会讲到）。宋朝是地图学的繁荣期，编制的地图很多，通常是作为地方志的附图出现。其中有四幅地图被刻在了石碑上，因而得以存世，它们分别是《华夷图》《禹迹图》《九州守令图》《地理图》。

《华夷图》《禹迹图》刻在同一块石碑的正背两面，是1137年刻成的。《禹迹图》是宋朝的全国地图，而《华夷图》在宋朝疆域之外还绘有周边几个国家的地图。《九州守令图》是全国行政地图，于1122年刻成，它的特点是对海岸线的描绘比较准确。《地理图》则是根据黄裳给太子上课的教材刻制的，1247年刻成。这4幅地图，反映了宋朝已经达到的测量和制图水平。

随着航海业的发展，一种特殊的地图——海图也出现了。永乐三年(1405)以后，郑和等人7次出使西洋（指今苏门答腊岛以西的北印度洋及其沿岸地区），留下了一幅《郑和航海图》。他们从江苏太仓出发，向南航行访问南洋群岛诸国，再经马六甲海

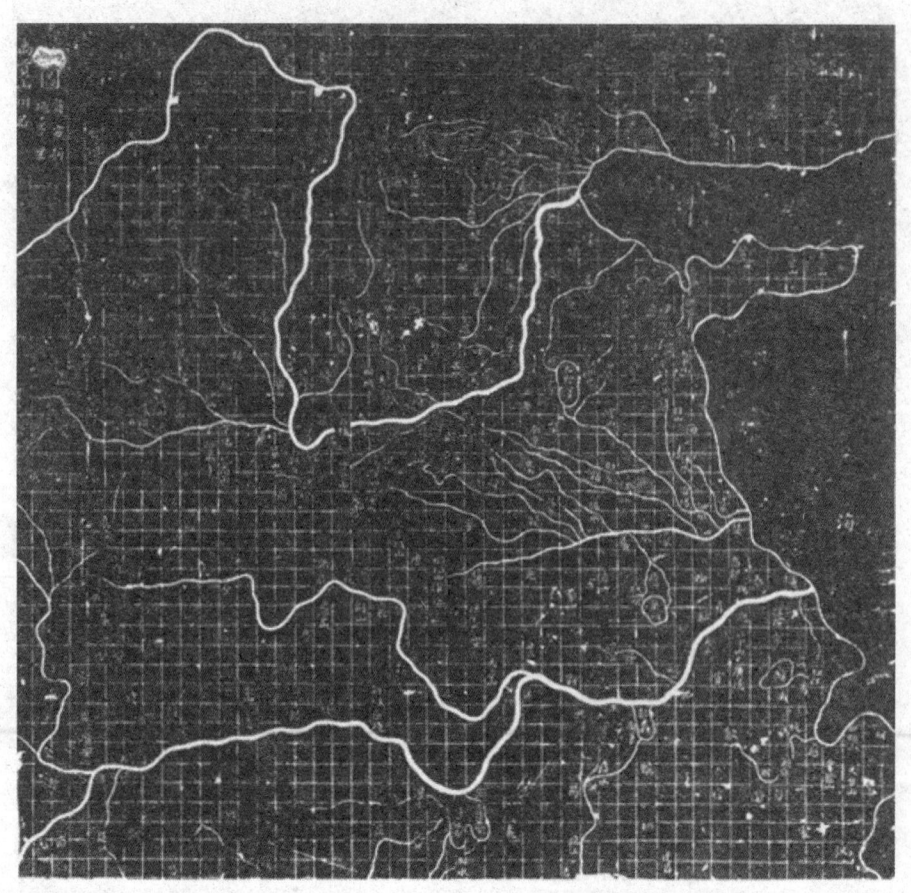

《禹迹图》局部/silver age提供

峡进入印度洋，访问印度、阿拉伯和东非等地。在《郑和航海图》上绘有从长江口出发到非洲东岸沿途观测到的海岸线、港湾、山脉、岛屿、沙洲、浅滩、珊瑚礁和所测海洋的深度等，并留下了郑和等人横渡印度洋的宝贵记录。

小链接：《针路簿》
　　中国东南沿海的渔民和船工中世代流传着一种特殊的海图——《针路簿》（也有叫《更路簿》的）。这种《针路簿》是船工们航海经验的总结，记载着航路上的潮汐变化规律、天气情况的判断方法、路程远近、礁石情况等。

地理探险

　　汉武帝时的外交家和探险家张骞（约前164—前114），以另一种方式为地理学做出了贡献。他奉汉武帝的命令西行寻找大月氏，试图与之结盟共同对抗匈奴。他和随从在没有地图、不熟悉道路的情况下，一路上历尽艰难，终于抵达了中亚，探明了从长安到中亚各国的道路。他两次出使西域，到过大宛、康居、大月氏、大夏、乌孙等国，了解到今中亚（锡尔河、阿姆河、伊犁河一带）、西亚（伊朗高原、两河流域一带）和南亚（印度一带）的地理情况并写有书面材料。《史记·大宛列传》和《汉书·西域传》就是根据张骞等人提供的材料写成的，它们是记载中亚、西亚和南亚最早的地理专篇，对西域各国的人口、兵力、风俗、物产、城镇交通、水文、气候等都有所介绍。张骞所探明的道路，后来成为沟通中西的繁荣商路，称为"丝绸之路"。

> **小链接:"丝绸之路"**
>
> "丝绸之路"这个说法,是19世纪时德国地理学家李希霍芬提出来的。这条商路上最著名的商品是丝绸,所以叫"丝绸之路"。

张骞之后,东晋时期还有一位僧人法显(334—420),经过"丝绸之路"前往印度学习佛法,在印度居住多年,然后取道海路经狮子国(今斯里兰卡)、苏门答腊回国。《法显传》描述了他所到地区的地理情况,是中国古代关于中亚、印度、南亚的第一部旅行记。

随着地理知识的增加,中国的对外交往也在增加。唐朝初年,玄奘(602—664)法师继法显等人之后,西行到印度,遍游印度各地,17年后返回长安。他的著作《大唐西域记》对于当时中亚和南亚的100多个国家和地区的山川地形、气候物产、交通道路、城邑关防、风土习俗、文化政治等情况和特点都有记述。中国四大名著之一的《西游记》,就是根据他的事迹改编的。

南宋时,广西官员周去非(生卒年不详)写了一本《岭外代答》,以问答的形式讲述两广一带的地理、风俗等情况,内容还涉及南洋诸国、大秦、大食等外国的情况。

宋朝宗室赵汝适(1170—1231)曾经掌管市舶司,他从海商那里搜集外国的资料，写成一本《诸蕃志》，记载了日本、东非索马里、北非摩洛哥及地中海东岸各国的风土物产，还记载了各国距离中国的远近以及海船从中国驶往各国所需的时间。

元朝大臣耶律楚材（1190—1244）曾经跟随成吉思汗西征，回来后写了《西游录》，记述一路上的见闻，包括中亚各国和俄罗斯的情况。

元朝的周达观（约1266—1346），曾经跟随元朝使节去真腊（今柬埔寨），他在《真腊风土记》一书中记述了一路上的见闻，以及当地都城、王室、风土人情等。

汪大渊(1311—?)，是元朝南昌人，曾两次搭乘商船出海远航，到过南洋各国，阿拉伯海、波斯湾、红海沿岸各国，并经地中海去过摩洛哥，最远到达非洲的莫桑比克海峡及澳大利亚各地。回来以后，他把自己的经历写成《岛夷志略》一书，书里的内容"皆身所游焉，耳目所亲见，传说之事则不载焉"。《岛夷志略》讲到的国家和地区有220多个，对研究古代交通和海上丝绸之路有着重要参考价值。

古代中国规模最大的远航和海上探险活动是明朝初年的郑和（1371—1433）下西洋。郑和船队7次远航，最远到达非洲东部，比葡萄牙航海家迪亚士的远航早了半个世纪。曾经与郑和一同远航的马欢、费信和巩珍，把沿途所见所闻分别写在《瀛涯胜览》《星槎胜览》和《西洋番国志》3部地理著作中。

中国邮政发行的纪念郑和下西洋600周年的纪念邮票/silver age提供

小链接:"海上丝绸之路"

"海上丝绸之路"是从海上连接亚洲、非洲和欧洲的古老商贸路线。这条商路上的著名商品是瓷器,所以也称"瓷器之路"。

人文地理学与方志

《尚书》是儒家六经之一,相传孔子曾经编校过并教授给弟子们,其中的《禹贡》篇,一般认为是战国时期的著作,记载了上古时代大禹治理洪水的事迹。书里说,大禹治水之后,把天下分为九州;九州之内的山脉分成四个山系,河流分为九个水系,土地按照距离王都远近划分为五服。

九州分别是冀州、兖州、青州、徐州、扬州、荆州、豫州、梁州、雍州。书里叙述了九州的位置和分界线，以及大禹如何疏导九州的河流，使它们流入大海和湖泊，并调查各地的土地、土壤情况，草木的特点，养蚕种树的情况，土特产品等，还把田地按照肥瘠划分等级，不同等级缴纳不同比率的税赋。

比如兖州，书里是这样记载的："济河惟兖州。九河既道，雷夏既泽，灉、沮会同。桑土既蚕，是降丘宅土。厥土黑坟，厥草惟繇，厥木惟条。厥田惟中下，厥赋贞，作十有三载乃同。厥贡漆丝，厥篚织文。浮于济、漯，达于河。"

我们可以从中了解到：兖州的地理位置在济水和黄河之间。大禹疏导过黄河下游的几条支流，当地的灉水和沮水会合流进了雷夏泽。那里种植桑树，有养蚕业。土质黑而肥沃，草木繁茂，高大的乔木很多，当地的土特产是漆和丝……

小链接：九州

传说大禹在划分了九州之后，铸过九只鼎，每只鼎代表一州，鼎上绘有地图及各州代表性的山川、草木、禽兽等，后来这九只鼎下落不明。后世的中国人就以九州、九鼎代表国家。

古代中国科学技术 59

小链接：《山海经》

中国古代有一部奇书——《山海经》，包括《山经》《海经》《大荒经》三部分，其中《山经》科学价值较高，《海经》《大荒经》则较多神话和传说，科学价值较低。《山经》按照中、南、西、北、东5个方位，记载了447座山的名字，这些山又分为若干山系，具体介绍这些山的方位、动植物、矿产、周边的水系等特征。《山海经》成书时间可能是战国时期，秦汉时期又有人做过增补，是我国最早的地理志。

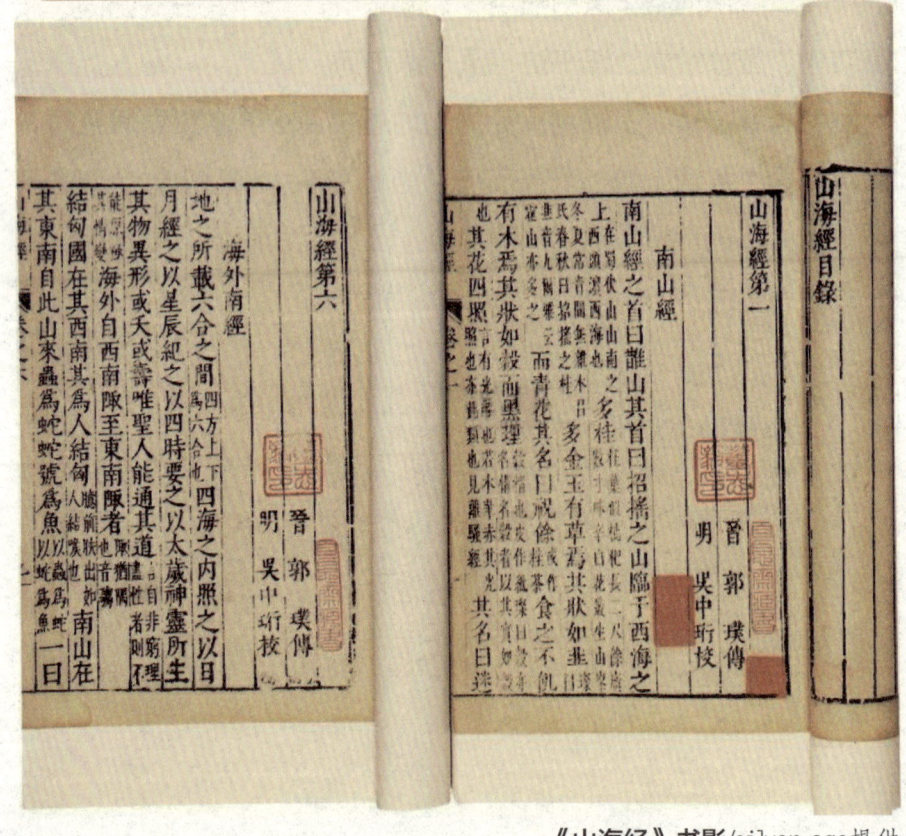

《山海经》书影/silver age提供

东汉史学家班固（32—92）所写的《汉书》里有一篇《地理志》，这是中国历史上第一部以"地理"命名的著作。《地理志》共分三部分，第一和第三部分主要是收录了前人的著作，如《禹贡》；第二部分才是班固自己的作品。在这一部分，班固按照汉朝的行政区划，依次叙述了103个郡国、1587个县的名称、历史沿革、自然条件、民俗风情等，留下了珍贵的历史资料。班固的《地理志》开创了由历史学家来记载地理学资料的传统，以后编纂的史书，往往都有专门的篇幅来记载当时的地理学资料。

隋炀帝在位时，曾经下令全国各地官府上报本地的风俗、物产、户口、地图等资料。这些资料汇集在一起，编为三部书：《诸郡物产土俗记》《区宇图志》《诸州图经集》。其编纂形式是把地图配上文字说明，使得阅读者能一目了然。这种图文结合、记述某地风俗、物产、户口、地图等资料的书籍，称为图经，是方志（也叫地方志、地志）的前身。

唐宪宗元和年间，由李吉甫等人编写的《元和郡县图志》，是编写最完善、保存较完整的全国性总地志，介绍了全国各地的地理沿革、山川、物产，保存了珍贵的历史资料，对宋代的《太平寰宇记》，元、明、清各代的《一统志》都有很大影响。

略早于《元和郡县图志》成书的《海内华夷图》，是由贾耽（730—805）编订的。贾耽用了十几年时间收集史牒资料，实地踏勘考察，终于绘成"广三丈，纵三丈三尺，率以一寸折成百里"的《海内华夷图》，并编写了《古今郡国县道四夷述》作为

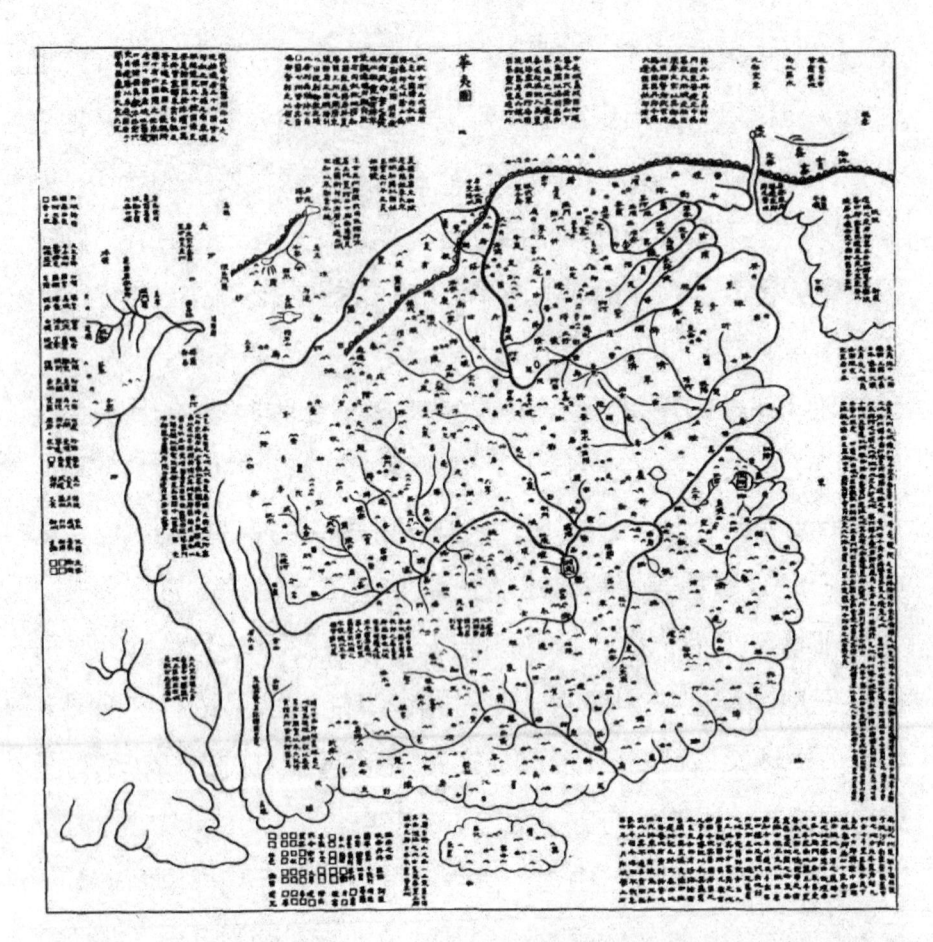

《海内华夷图》墨迹复原图/silver age提供

这幅地图的文字说明，献给皇帝。《海内华夷图》在中国地图史上开创了用朱、墨两种颜色，分别标注古今地名的先例，这个方法一直为后人沿用。

北宋时期，由官府主导编订了几部大型地理学图书，影响较大的有《太平寰宇记》《元丰九域志》等。明清两代是中国修志的繁盛时期，在《中国地方志联合目录》所载8200多种志书中，明清时期的占有7000多种。

地理学专题研究成果

东汉的张衡（78—139），是一位在多个学科做出了重大成就的科学家。他对地理学的贡献是发明了地动仪。

中国是一个多地震的国家，史载东汉年间，从公元92年到公元125年，30多年间共发生了26次大地震；公元155年2月2日的大地震，三个省有80多万人丧生。大地震往往会使社会动荡，朝廷有必要尽快知道边远省份是不是发生了地震，以便做好赈灾的准备。

在这种情况下，科学家张衡于公元132年发明了世界上最早的地动仪。

候风地动仪"以精铜铸成，圆径八尺""形似酒樽"，上有隆起的圆盖，仪器的外表刻着篆文和山、龟、鸟、兽等图形。仪器的内部，中央有一根铜质"都柱"，柱旁有八条通道，叫"八道"。外部有八个龙头，按东、南、西、北、东南、东北、西南、西北八个方向排列。龙头和内部通道中的发动机关相连，每个龙头嘴里都衔有一个铜球，每条龙下方蹲着一只张着嘴的蟾蜍。任何一方有地震发生，面朝这个方向的龙嘴里含着的铜珠就会掉下来，掉进蟾蜍嘴中，这样人们就知道了发生地震的方向。

汉顺帝阳嘉三年十一月壬寅（公元134年12月13日），地动

张衡发明的地动仪

仪的一条龙突然吐出了铜球，当时在京师（洛阳）的人们却丝毫没有感觉到地震，于是人们怀疑地动仪不灵验。

没过几天，陇西（今甘肃省天水地区）有人快马来报，证实那里前几天确实发生了地震。陇西距洛阳有一千多里，地动仪标示无误，说明它的测震灵敏度是比较高的。

南北朝时期，出现了一部研究河流水系的地理学巨著，就是北魏人郦道元（约470—527）写的《水经注》。《水经注》是给三国人写的《水经》做注释的，可实际上是一本崭新的书，学术价值也大大超过了原作。

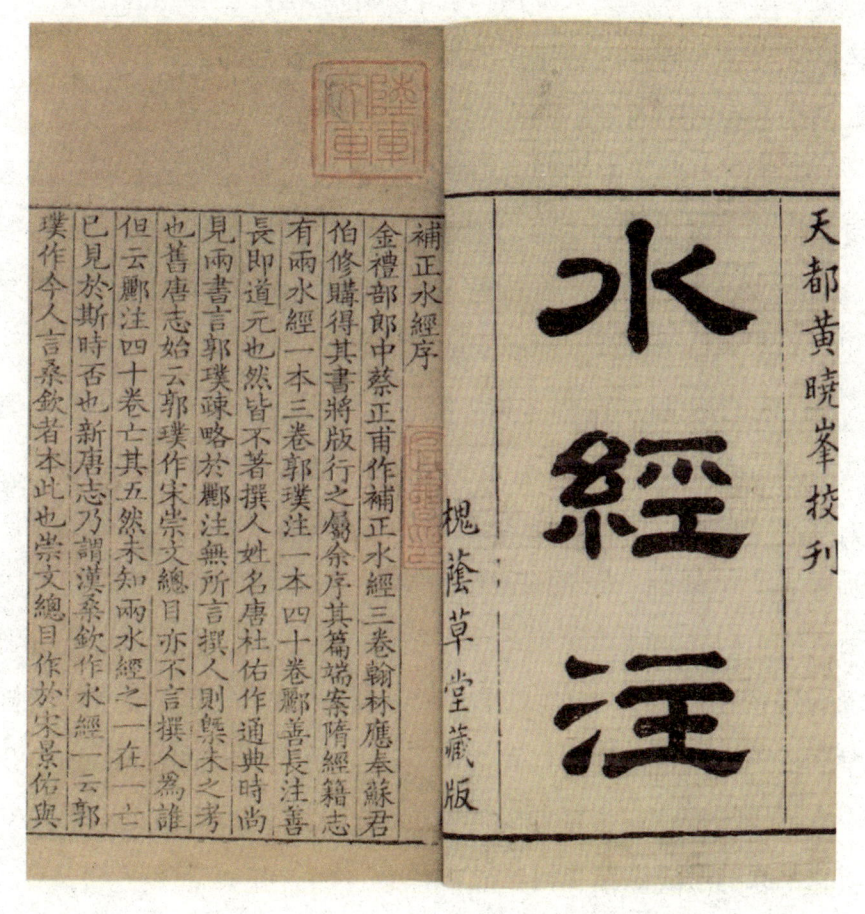

《水经注》书影/silver age提供

《水经注》共有四十卷，约30万字，记载了1252条水道的情况，引用了430多种书籍，纠正了前人的很多错误，增加了很多珍贵的资料。这部书主要记述河流，但又不局限于河流，而是以河流为纲，详细地记述了河流流经区域的地理情况，包括山脉、土地、物产、城市的位置和沿革、村落的兴衰、水利工程、历史遗迹等古今情况，并且具有明确的地理方位和距离的观念。像这样写作严谨、内容丰富的地理著作，在当时的中国乃至世界上都是无与伦比的。

　　唐朝时出现了中国现存最早的潮汐学专著《海涛志》，作者是窦叔蒙。窦叔蒙的生平、生卒年都不清楚，只能大致推算他是公元8世纪的人。在这部书里，窦叔蒙指出了海洋潮汐和月亮之间的关系，总结了潮汐出现的规律。

　　北宋的沈括对于地理学也有许多创见。比如，他分析温州雁荡山地方的地形地貌，说："原其理，当是为谷中大水冲激，沙土尽去，唯巨石岿然挺立耳。"所谓"大水冲激"，现在的说法就是"流水侵蚀"。他在《梦溪笔谈》中记载了石油的特性，因其见于石缝，就给了它一个"石油"的名字，还尝试以石油燃烧的残余物制墨。他在太行山麓见到有"螺蚌壳及石子如鸟卵者"，于是断定此处是"昔之海滨"，还进一步指出太行山以东的大陆是由来自黄土高原的河流携带的泥沙沉积而成的，最早对华北平原的形成做出了科学的解释。

雁荡山的地形地貌/silver age提供

小链接：《管子》

《管子》一书的《地员》《地图》《度地》，记载了地理学方面的知识。《地图》篇，主要是讲地图在军事上的应用；《度地》篇讲述了兴修水利的必要性和注意事项；《地员》篇，则主要讲述地貌、土壤、植被等知识。管仲本人是春秋时期的人，但《管子》一书并不是他本人所作，可能是秦汉时期的人假托管仲的名义写的。

古人对地理多有研究记载

南宋时,出现了一本专论石头的书——《云林石谱》,作者是杜绾(生卒年不详)。

书里介绍了116种名石,详细记录了它们的产地、采取方法、形状、颜色、质地优劣、敲击时发出的声音、坚硬程度、纹理、光泽、晶形、透明度、吸湿性、用途等,有较高的科学价值。

对于一些奇石的成因,杜绾给出了正确的解释,认为它们是由于"风浪冲激"或"风水冲激融结"而成。他还提到,当时的人们已经尝试"人造"太湖石：先把石头加工成想要的形状，然后"复沉水中经久，为风水冲刷，石理如生"。

杜绾不仅记载了一些化石，如鱼化石和海洋腕足动物石燕的化石，而且阐明了鱼化石的成因，还澄清了前人所说"石燕遇雨则飞"的谬误。

除此之外，《云林石谱》还介绍了各种石头的用途，如造假山、制砚以及其他器具、玩具等，是一部内容极其丰富的专著。

古代地理学的高峰——徐霞客

古代中国地理学在明朝发展到高峰，标志就是徐霞客（1587—1641）和他的《徐霞客游记》。徐霞客是江阴人，喜欢旅游探险，从21岁开始出游，足迹遍布16个省。他的游记后来由他人整理完善，共60多万字，其中他51岁以后的游记最有科学价值。

《徐霞客游记》在地理学上的成就主要是：

首先，记述了中国西南地区的石灰岩溶岩地形（地理学上通常称喀斯特地貌）的特征，尤其是对溶洞的形态、种类、成因做了详细描述和探讨。比如，对于溶洞中的石钟乳，他记述道："崖间有悬干虬枝，为水所淋漓者，其外皆结肤为石，盖石膏日久凝胎而成。"徐霞客是最早对喀斯特地貌进行考察和研究的科学家，欧洲要到18、19世纪才开始类似的研究。

其次，他对各地河流水系，如岷江、金沙江、潇水、盘江、

徐霞客

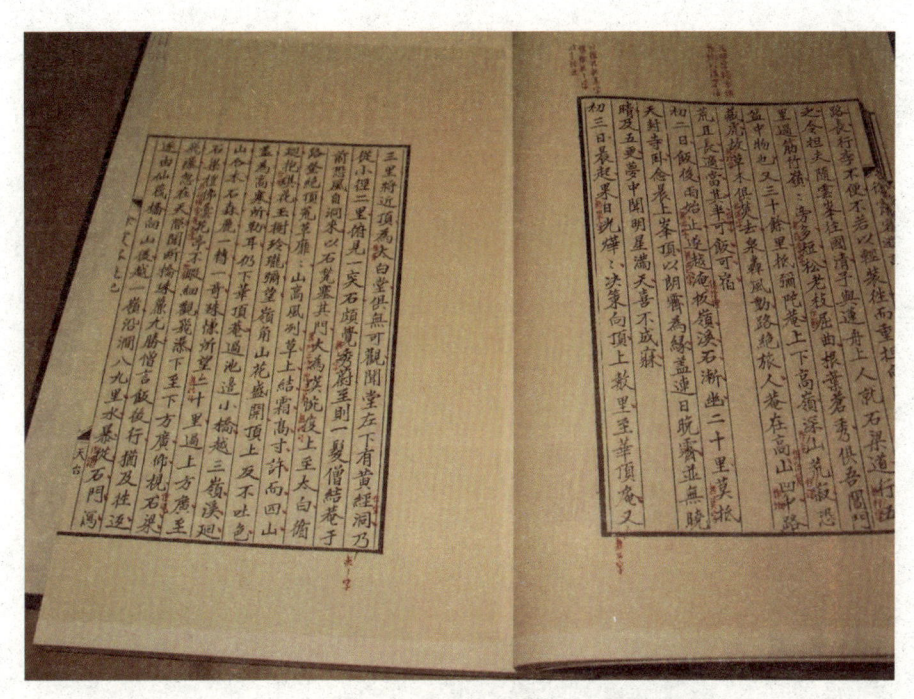

《徐霞客游记》中华再造善本/silver age提供

怒江、澜沧江等进行了考察,纠正了前人著作中的一些错误。比如《尚书·禹贡》中"岷山导江"的记载流传了几千年,徐霞客经过实地考察确认金沙江是长江源头,而岷江不是。他还观察到河水冲刷河岸的规律,指出河岸弯曲处冲刷厉害,河床坡度与侵蚀力的大小成正比等问题。

第三,正确记述了不同纬度和海拔条件下动植物的分布变化,并记述了地形、气温、风速对植物分布和开花早晚的影响。

最后,他曾考察了云南腾冲的火山,并观察了一次火山爆发,记录了这次火山爆发对当地生态环境的影响。他考察了腾冲、丽江一带的沸泉、温泉，并对地热现象的成因进行了研究。

《徐霞客游记》不仅是一部地理学上的奇书，颇具科学价值，而且文采斐然，极具文学价值。此外，在记游的同时，还常常兼及当时各地的居民生活、风俗人情等，具有一定的历史学、民族学价值。

现在，《徐霞客游记》开篇日5月19日已经被政府确定为"中国旅游日"。

第五章　医学

古代中国医学自成体系，源远流长，在理论和实践上都取得了辉煌的成就。

远在商周时期，中国已有较丰富的医药学知识，甲骨文中记录的疾病有数十种，包括眼、耳、口腔、肠胃等各种疾病，同时在商代遗址中还出土了石砭镰等医疗用具等。

战国时期，中国医学就有很高成就，有了医学分科；扁鹊创造了"望闻问切"四诊法，成为中国有文字记载以来的第一位伟大的医学家。战国问世、西汉编定的《黄帝内经》是中国现存最早的重要医学文献，反映了中国古代医学的早期成就。

西汉马王堆汉墓帛书《医方经》记载了几百个药方。东汉的《神农本草经》是中国现存最早的中药学专著。东汉末年的张仲景和华佗是中国古代著名的医学家。张仲景的《伤寒杂病论》是后世中医的重要经典，后人尊张仲景为"医圣"。华佗擅长外科手术，被人誉为"神医"。

唐朝杰出医学家孙思邈著的《千金方》，记录了八百多个药方，全面总结历代和当时的医药学成果。唐高宗时编修的《新修本草》，是世界上最早的、由国家颁行的药典。

明朝的李时珍用了27年的时间，对中国古代医学进行了一次全面的总结，写成巨著《本草纲目》，总结了16世纪以前的中国医药学，被誉为"东方医药巨典"。

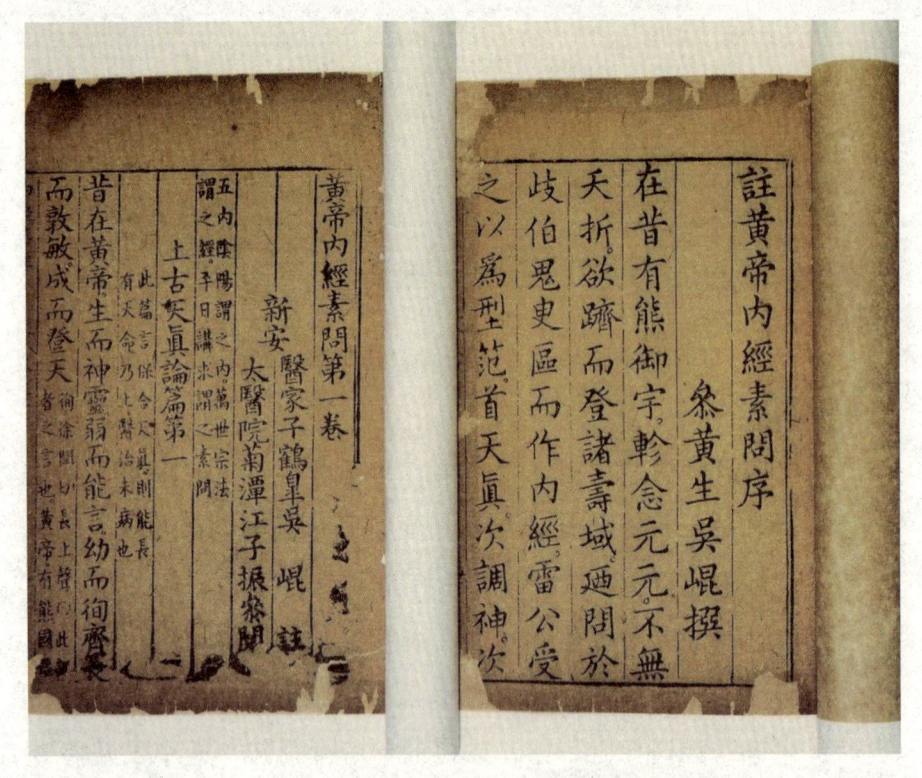

《黄帝内经》书影/silver age提供

以《黄帝内经》为代表的中医学早期成就

黄帝是中国上古时代的三皇五帝之一，也是华夏民族尊崇的一位始祖。《黄帝内经》里说，他曾经向名医岐伯询问疾病、养生的道理，岐伯一一做了回答，这一问一答就构成了全书的主要内容。《黄帝内经》非一人一时之作，其主要部分形成于春秋战国时期，并在流传过程中掺入了一些后人补撰的内容。

《黄帝内经》是中国最早、最有影响的一部中医学专著，是上古以来中医实践的总结和理论升华。它分为《素问》和《灵枢》两部分，共18卷162篇，论述了人体解剖、病理、生理、诊断、治疗、养生等内容。

《灵枢·经水》篇里说：一个身高八尺的人，有皮肉有血脉，如果活着，可以观察探摸；如果死了，则可解剖而详察。五脏的强弱、六腑的大小、受谷的多少、经脉的长短、血液的清浊、气分的多少，以及十二经脉中血与气的多少，都有一定的标准。

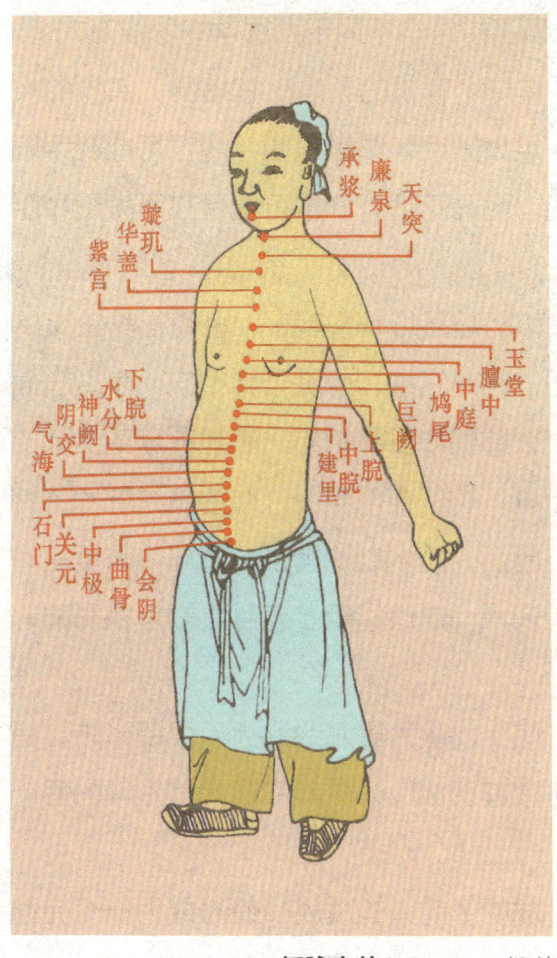

除了对五脏（心、肾、肺、肝、脾）和六腑（胆、胃、小肠、大肠、膀胱、三焦）的描述，《黄帝内经》还提出了中医学特有的经脉（络）理论。人体有十二经脉，另有奇经八脉，并在此基础上发展出独特的腧穴（也称"节""会""气穴""气府"）系统。

基于以上对人体的理解，《黄帝内经》提出，人体致病的原因是风、寒、暑、湿、燥、火等邪气侵扰，或饮食

任脉穴位/silver age提供

不当、五味失调等，同时又认为以上原因只有在人体相对虚弱的情形下才能引起疾病。在治疗方法方面，中医学的"望闻问切"四诊法，以及针灸、砭石、按摩、汤液等治疗手段在这部书里都有详细的描述。对于一些典型的病症，书里叙述了它们的致病机理、治疗方法等。

《黄帝内经》集中体现了中医学不同于西医学的思维方式。

首先中医学把人体看作一个有机的整体。它指出，头顶的疾病，病根可能在足少阴和足太阳经；咳嗽气喘，病根可能在手阳明和手太阳经；心烦头痛、胸膈不适，病根可能是在手太阳和手少阴经。

其次，是把人体内脏和阴阳五行联系起来，既有神秘主义的一面，但也有合理的一面。比如它说，心脏与脉相应，表现在面色上，肾水可以制约心火；肺脏与皮肤相应，表现在毫毛上，心火制约肺金；肝脏与筋相应，表现在爪甲上，肺金制约肝木；脾脏与肌肉相应，表现在口唇上，肝木制约脾土；肾与骨骼相应，表现在头发上，脾土制约肾水。这就指明了五脏之间互相影响、互相制约的关系。

第三，它主张"治未病"，认为最好的治疗手段是预防，指出"上工救其萌芽，下工救其已成"。这就和现代养生学的思想十分契合了。

《黄帝内经》总结、发展了前人的成就，使之成为一个完整的理论体系，并在以后的两千多年里指导着中医临床实践，被公认为中医学的奠基之作。

以《本草纲目》为代表的本草学

以草木、动物、矿物入药，在中国有着漫长的历史。传说，华夏民族的始祖之一神农氏曾经尝百草，以确定哪些植物可以食用，哪些植物可以解毒，最后，他因为吃了断肠草而死去。中国现存最早的本草学著作《神农本草经》，就是假借了神农的名义，成书年代可能是秦汉或战国时期。

本草学在历朝历代都有新的发展，名医、名著层出不穷，到明代发展到了高峰。明代的药物学知识空前丰富，采矿业、农业等知识也有很大的发展，这对医学的发展也有帮助，同时，从国外和少数民族地区也输入了不少药物知识。

医学家李时珍（1518—1593）花了几十年时间，在前人的研究基础上，加上自己的经验和钻研成果，参考了古代有关著作共八百多种，写成了巨著《本草纲目》。《本草纲目》影响巨大，是中医学集大成者，也是一部具有世界性影响的博物学著作。

李时珍是湖北蕲州人，出生在一个医学世家，从小耳濡目染，掌握了丰富的医学知识。当时医生的社会地位低下，李时珍的父亲希望李时珍去考取功名，不要再做医生。李时珍参加了三次乡试，没能考中举人，便决心放弃科举，以行医为业。

他研读了《神农本草经》《本草经集注》《新修本草》《开

李时珍

宝本草》《嘉祐本草》《经史证类备急本草》《本草衍义》等书，结合自己的行医经验，发现这些古代的本草书问题不少，比如有些分类不明确，有些把药材都弄混了，有的甚至把毒草当作补药，于是便萌生了新编一部本草的想法。为了修成这部书，他呕心沥血，广泛阅读医书，自己进山林采药，搜集民间药方，同时行医治病，增长实践经验，前后耗费近30年时间，书稿修改了三次，到1578年才完成。

《本草纲目》以宋朝的本草书《证类本草》为范本，在它的基础上大大增加了药物数量，并改进了编写体例。所有药物分为16部，即水、火、土、金石、草、谷、菜、果、木、器服、虫、鳞、介、禽、兽、人；部下面又分类，如草部下分为山草、芳草、毒草、蔓草、水草等。对每一种药物，都列出释名、集解、正误、修治、气味、主治、发明、附录、附方等项，细目分明，层次清楚。全书共收录药物1892种，方剂11 096个，附有药物形态图1160幅，字数190多万字。

李时珍在《本草纲目》中纠正了前人的许多错误，并增加了不少新药。比如他发现，前人医书里所说的"南星"和"虎掌"本是同一种药，"天花粉"和"栝蒌"是同一种植物的根和果。半边莲、醉鱼草等药物则是李时珍新加上去的。

《本草纲目》集16世纪以前中国本草学之大成，可谓是划时代的巨著。这部书规模巨大，刻印的成本也高，直到李时珍死后，这部书才得以付印。几十年后，它传入日本，又过了几

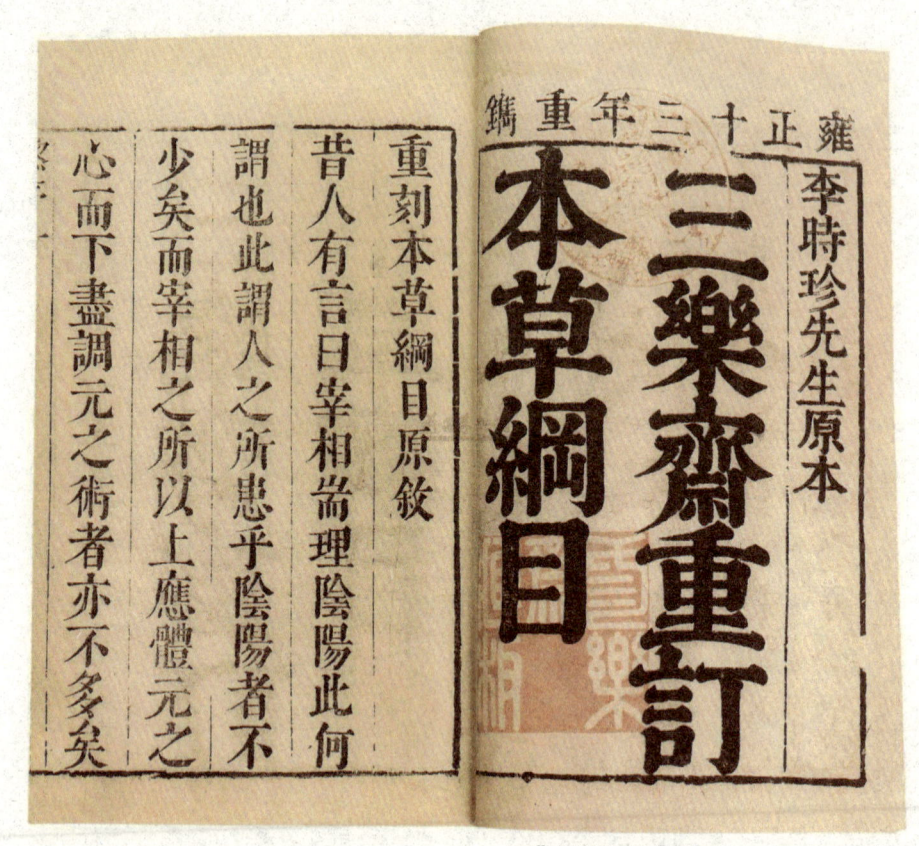

《本草纲目》书影/silver age提供

十年传入欧洲,达尔文曾在自己的书中引用《本草纲目》里关于鸡的品种和金鱼家化的资料。李约瑟在《中国科学技术史》中评价这部书:"16世纪中国有两大天然药物学著作,一是世纪初(1505年)的《本草品汇精要》,一是世纪末(1596年)的《本草纲目》,两者都非常伟大。"

以《洗冤集录》为代表的法医学

世界上第一部系统的法医学专著,是中国南宋著名的法医学家宋慈写的《洗冤集录》。

中国在汉唐期间，已经积累了一定的法医学知识，但还没有一本法医学专书。五代时期的《疑狱集》，是我国现存最早的法医著作。

到了宋代，法医方面的知识进步比较迅速，像无名氏的《内恕录》、郑克的《折狱龟鉴》、桂万荣的《棠阴比事》、赵逸斋的《平冤录》、郑兴裔的《检验格目》等法医著作接连问世。1245年，宋慈在前人著作的基础上，加上自己的经验，开始写《洗冤集录》，1247年写成。300多年以后（1602年），意大利人菲德利斯才写成了西方最早的法医学著作。

宋慈曾经当过高级刑法官。他当法官时，审案特别认真，对于重大疑案，总是反复慎重思考。宋慈在检验的现场，总是监督着仵作（尸体检验员）的操作，他还常常亲自检验尸体。有一次，宋慈发现一件自杀案有疑点：自杀者死后握刀不紧，伤口进刀轻、出刀重。经宋慈重新审查，终于发现死者不是自杀，是被人谋杀的。

宋慈在《洗冤集录》序言里谈到他编写这部书的原因：他看到审案的失误，大多缘于开始时的差错，检验鉴定做得不对，这是由于经验不足的缘故。所以他要广泛收集各类法医书籍，加上自己的经验和意见，汇编成书，期望这本书能为同行提供借鉴，给受冤屈者洗冤报仇，让害人者难逃法网。

《洗冤集录》全书共5卷，卷一载条令和总说，卷二验尸，

法医宋慈

卷三至卷五备载各种伤、死情况。《洗冤集录》一问世便引起了轰动。当朝皇帝宋理宗看后，大为欣赏，立刻降旨颁行。一时间，几乎所有刑官的案头之上都有这部书。

《洗冤集录》记述了人体解剖、检验尸体、检查现场、鉴定死伤原因、自杀或谋杀的各种现象、各种毒物和急救、解毒的方法等十分广泛的内容。主要成就有：尸斑的发生与分布；尸体腐败的表现和影响条件；尸体现象与死后时间的关系；发现棺内分娩；缢死的绳套分类；自缢、勒死与死后假作自缢的鉴别；溺死与外物压塞口鼻而死的尸体所见；骨折的生前死后鉴别；各种刃伤的损伤特征；生前死后及自杀、他杀的鉴别；致命伤的确定；焚死与焚尸的区别，等等。

书中记载的如洗尸、人工呼吸法、夹板固定伤断部位、银针验毒、明矾蛋白解砒霜等都是合乎科学道理的。比如《洗冤集录》对于检验尸骨上的生前伤，提到使用黄油新雨伞，罩住尸骨迎着日光隔着伞看，这个方法符合光学原理。

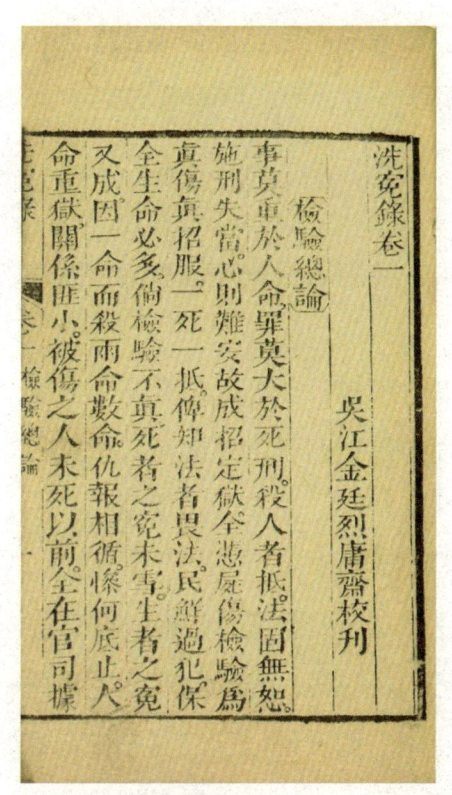

《洗冤集录》书影 /silver age提供

当然，由于历史条件的限制，当时科学还不够发达，书中有些观点不切实际，对某些现象的观察不够严密，缺乏科学根据，甚至带有迷信色彩。但瑕不掩瑜，这些缺点并不影响《洗冤集录》取得的成就。

从13世纪直到19世纪，《洗冤集录》不仅在我国沿用达600

年，成为后世各种法医著作的主要参考书，而且还传播到国外，被译成荷兰文、法文、德文以及朝鲜、日、英、俄等各种文字。

针灸术的发展与传承

针灸是中医学独有的以针刺和艾灸刺激相关穴位来治疗疾病的方法，历史十分悠久。

《黄帝内经》里记载，砭石来自东方，灸芮来自北方，九针来自南方。这里的东方、北方、南方是相对于中原而言。早期的针是砭石磨制的，后来才换成金属等材质。艾是中国很常见的一种植物，把艾叶点燃后炙烤穴位，就是艾灸。

中国历代都有擅长针灸的名医。公元3世纪时，有一个叫皇甫谧（215—282）的人，从小就体弱多病。他因此广泛阅读医书，精研医术，自己也开始行医治病。他发现以前的医书中记载的人体穴位有不少互相冲突的地方，错误也不少。于是他结合自己的行医实践，写了一部《针灸甲乙经》，主要内容是人体穴位知识和针法知识。

《针灸甲乙经》共记载了单穴49个，双穴300个，数量上大大超过了《黄帝内经》。书里还一一确定穴位名称和在人体上的位置，还阐明了每个穴位的主治病症范围和禁忌症，指出有些绝不能施针的穴位，防止初学者懵懂中铸成大错。

皇甫谧根据自己的行医经验，对取穴和针法做了详细的介绍，包括针刺的深度、留针时间、艾灸的时间等事项，使初学者

针灸术/silver age提供

能少走弯路。他针对妇科、儿科、内科的800多种症候，提出了治疗意见和操作方法，这是极为难得的。

宋朝的时候，精通针灸术的宫廷太医王惟一（987—1067）奉旨造了两个铜人，这就是医学史上有名的"针灸铜人"。两个铜人和真人差不多大小，身体表面刻着人体十四条经络，还有代表人体穴位的小孔，旁边刻上穴位的名称。铜人是中空的，身体可以拆卸，胸腹可以打开，内部有木制的五脏六腑和骨骼的模型，各个器官的位置和大小、形状都基本准确。铜人铸成以后，其中一个当作教具使用。考试的时候，把铜人表面涂上蜡，体内盛满水，然后给铜人穿上衣服让参加考试的学生隔着衣服刺穴，如果学生取穴准确，就能刺破封住穴位的蜡，使里面的水流出来。

两个铜人铸成以后，受到宋仁宗的嘉奖。王惟一还把自己编写的一部《铜人腧穴针灸图经》献给皇帝，作为铜人的说明和指南。《铜人腧穴针灸图经》共有上、中、下三卷。王惟一整理了有关针灸、经脉的古籍，结合自己的实践，对已有的针法、灸法、配穴法统一名称、操作方法，并订正错误，对于针灸学的健康发展具有重要意义。史载，宋仁宗读了

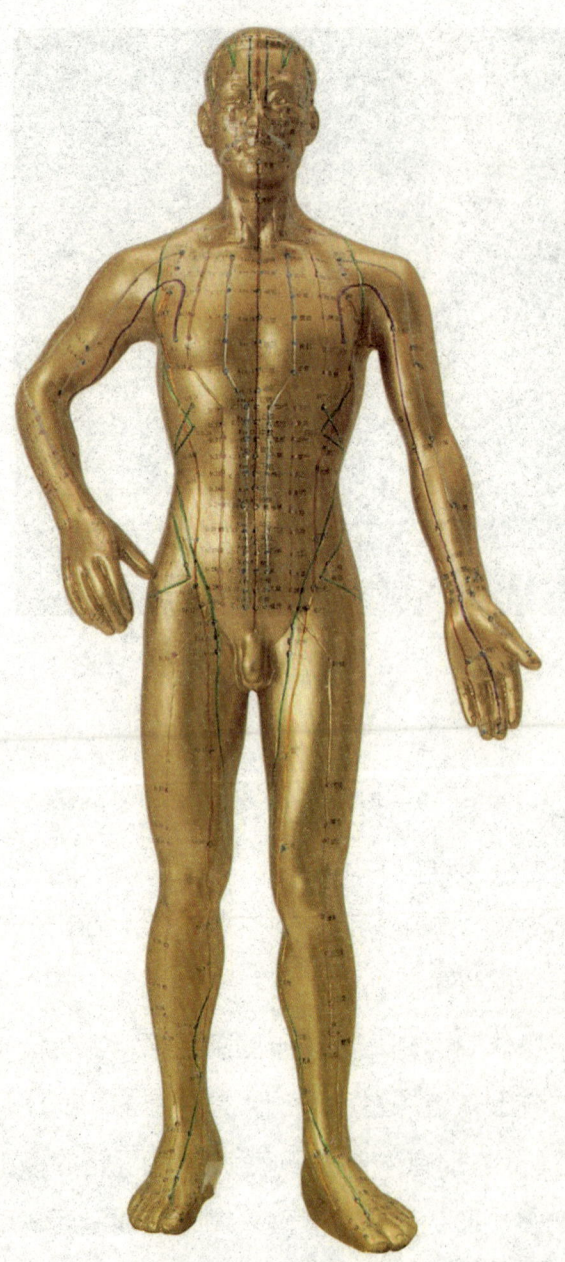

人体穴位铜人像/silver age提供

这部书后,下令把它刻在石壁上,以供后人研习。

> **小链接:铜人**
> 　　王惟一的铜人铸造于北宋仁宗天圣年间,称为"天圣铜人",到明朝时已经磨损得不能使用,刻在石壁上的图经也因为年深日久而模糊不清了。明英宗正统年间,又按照王惟一的方法仿制了一尊铜人,这就是"正统铜人"。现在"天圣铜人"不知所终,"正统铜人"在1900年被俄国军队抢走。

种痘法

　　在中国医学史上,免疫的概念很早就有了。中国医学有一种"以毒攻毒"的治病方法,在这种思想的启示下,很早就有近似疫苗的记载。公元4世纪初,晋代葛洪写过一本叫《肘后备急方》的书,简称《肘后方》。"肘后"的意思是卷帙不多,可悬于肘后,携带和使用方便。《肘后方》记有"疗狾犬咬人方",人被狂犬咬了以后,把咬人的那只狂犬杀掉,把犬脑敷贴在伤口上,可以防治狂犬病。

　　狂犬的脑中确实含有大量狂犬病病毒,但是这种直接贴伤口的治疗方法是有问题的,不过就这种治疗方式的思路来看,可以说是狂犬病预防接种的先驱。在巢元方等人集体编写的《诸病源候论》里，也有类似的免疫思想：把携带病源的毒虫磨成细屑服下，可以治疗这种病。

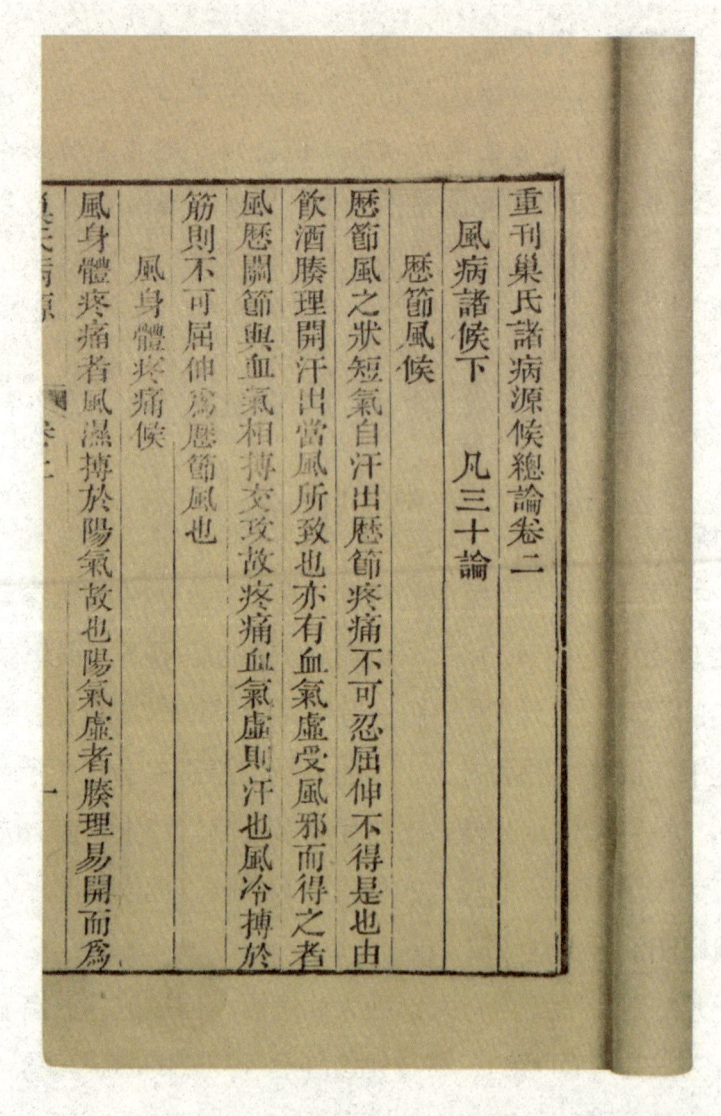

《诸病源候论》书影/silver age提供

免疫方法的实际应用，要算预防天花的人痘接种法。中国在16世纪时，就发明了预防天花的人痘接种法。

天花的名字很美，可惜它是一种烈性传染病，得了这种病的人死亡率非常高，即使保住了性命，病人的容颜也会严重损坏，脸上会留下疤痕。

天花大约是在汉代的时候，由战俘传入中国的，所以天花古时候叫"虏疮"。此外还有很多别名，如叫"痘疮""疱疮"等，中国的很多医书里，都对天花有过描述。

自从天花传入中国，人们就深受其害。到了唐宋，中国的天花病人越来越多，15世纪之后，天花开始在中国广泛流行。

不仅仅是医书，史书上关于天花的记载也越来越多。比如《五代史》记载了一个叫陈黯的神童，天赋过人，不幸在十三岁的时候，染上了天花，痊愈之后，脸上留下了瘢痕。有人认为，陈黯自己写的两句诗"天嫌未端正，敷面与装花"，就是在开自己的玩笑，说自己染上天花后脸上留下的瘢痕，是老天嫌他长得还不够端正，所以特意给他脸上装上的花。

由于天花太过流行，造成了巨大的危害，人们想象出了一个痘神来保护自己。痘神名叫张健，是武则天时期的人。传说武则天当时在全国搜罗美少年，张健负责这件事，他为了保护少年，就说现在天花流行，少年都已毁容，而且把他们带入宫中会有传染的危险。人们为了感谢张健保护了自己的孩子，就立祠来祭祀他，玉皇大帝后来就封张健为痘神。

这当然只是传说，治疗天花还得靠医学。中国古代的医学家进行了各式各样的探索。在"以毒攻毒"理念的指导下，发明了人痘接种术。人痘接种实际上就是采用人工的方法，使接种者感染一次天花，产生抗体，这样就不会再得天花。人痘接种术主要有以下四种：

痘衣法，就是给接种的人穿上得了天花的儿童的衬衣，使他感染；痘浆法，就是用棉花蘸染痘疮的疮浆，塞入接种的儿童的鼻孔里，使他感染；旱苗法，做法是把痘痂阴干研细，用银管吹到接种儿童的鼻孔里，使他感染；水苗法，做法是把痘痂研细，用水调匀，用棉花蘸染，塞到儿童鼻孔里，使他感染。

痘苗最初是用天花的痂，叫作"时苗"，危险性较高。后来改用接种过多次的痘痂做疫苗，叫作"熟苗"。熟苗的毒性已减，接种后比较安全，也符合现代疫苗的科学原理。

人痘接种法不但有效地保护了当时中国儿童的健康，而且不久就传到国外。

清康熙二十七年（公元1688年），俄国医生到北京来学习"痘医"，种人痘的方法由此传入俄国，不久又从俄国传入土耳其。

英国驻土耳其大使夫人孟塔古，在君士但丁堡看到当地人为孩子们种痘预防天花，效果很好，她把这种方法传入英国，得到英国国王的赞赏。不久，人痘接种法就盛行于英国，更由英国传到欧洲各国和印度。18世纪中叶，人痘接种法已传遍欧亚大陆。

人痘接种法的发明，是中国对世界医学的一大贡献。

　　1796年，英国人琴纳发明了牛痘接种法，因为牛痘比人痘更安全，我国也逐渐用种牛痘代替了种人痘。1979 年10月25日，世界卫生组织宣布天花在地球上绝迹。

第六章　农学和水利技术

　　中国几千年来以农业立国,是世界农业的起源中心之一。传说,神农氏尝百草,找出了可以食用的五谷,中国才有了农业。另一个传说里,黄帝的妻子嫘祖发明了养蚕、缫丝、织绸的技术,于是中国有了丝织业。从考古学资料看,距今7000多年的河姆渡文化遗址发现了稻粒,距今6000多年前的半坡文化遗址发现了粟粒。这证明了中国人是粟的最早栽培者之一,同时也是水稻和小麦的最早栽培者之一。另外,中国也是大豆、茶树的原产地。在畜牧业方面,河姆渡文化遗址出土过一件小陶猪,表明至迟在7000年前中国就已经驯养家猪了。

　　在以后的几千年里,男耕女织一直是绝大多数中国人的生活方式。历代统治者都非常重视农业,重视水利工程的建设和先进农具、农业技术的推广,同时,也涌现出一大批钻研农业技术的农学家、传播农业技术的农学著作和精通水利工程的水利专家。

清朝御制耕织图/silver age提供

蚕桑、丝织与纺织

传说，黄帝的妻子嫘祖有一次病倒了，侍女们上山去给她采新鲜的果子吃。她们从桑树上摘了雪白色的小果子，拿回去才发现果子根本不能吃。她们把果子放进水里煮，用木棍搅了几下，谁知木棍上缠绕着许多像头发那样细的白丝线。嫘祖看到后受到启发，觉得这白丝线能用来织衣服，就让侍女们带她到那片桑树林，发现那些白果子不是树上结的，而是虫子口中吐出的细丝绕织成的。嫘祖给这虫子取名为"蚕"，它织成的白果子叫"茧"。就这样，蚕桑业出现了。后人为了纪念嫘祖的功绩，尊称她为"先蚕娘娘"。

嫘祖故事的真实性已经无法考证了，但蚕桑业的历史十分悠久是没有疑问的。《夏小正》里就有"妾子始蚕""摄桑委扬"的记载，说明那时候种桑养蚕已经是农业活动的重要内容。在丝织技术方面，出现了生织、熟织、素织、色织、多彩织等织法，花纹有平纹、斜纹、变化斜纹、重经组织、重纬组织、提花组织等，织物的种类有缯、帛、素、练、纨、缟、纱、绢、縠、绮、罗等十几种。1972年马王堆汉墓出土的素纱禅衣，工艺精良，薄如蝉翼，整件衣服用料约2.6平方米，重量只有48克。

同时出土的还有素色提花的绮、罗等丝织物，表明提花技术已经相当成熟。提花是指以经线、纬线交错的方式在织物上织出凹凸花纹，工艺比较复杂，要织出比较复杂的花纹，需要比普通织机复杂得多的提花机。史书记载，三国时期的发明家马钧，看

马王堆汉墓出土的素纱禅衣/silver age提供

到当时的提花机效率比较低，就加以改进，原本需要50蹑（脚踏板）、60蹑才能织出的花纹，马钧的提花机只用12蹑就能做到，效率大大提高。中国丝绸之所以能蜚声世界，很大程度上就得益于提花技术的先进。

除了蚕桑，麻、苎、葛等植物也大量种植，并成为纺织原料的来源。丝织物只有上层社会的人才穿得起，寻常百姓穿的是麻织物。在古人常说的"五谷"中，麻也占有一席之地。考古学家曾发掘出3块新石器时代的葛布残片，这是现在我们能见到的最早的葛布。这3片葛布尽管还很粗糙，但它说明，我们的祖先至少在6000多年前就已创造了麻纺织技术。

纺织

　　宋朝时，纺织机械出现了重大革新，出现了32锭的大纺车。大纺车用水力或者畜力驱动，并在纺织流程上做了改进，效率大大提高。水力大纺车是中国古代将自然力运用于纺织机械的一项重要发明。但是这种大纺车只适合麻纺，不适合棉纺。

　　中国的棉花种植是在唐朝时期得到推广的，到了元朝，棉花种植从南方扩展到北方。棉花的御寒功能较好，很受人们欢迎，但棉花有棉籽，还需要通过弹花的流程使其变得蓬松。松江（今上海）有一位人称黄道婆的老妇人，改进了棉花纺织技术。她年轻时曾经去过海南岛，那里栽培棉花的历史较长，棉纺技术也比中原精湛。黄道婆和当地人一起生活，一起纺线织布，学到了他们的纺织技术。晚年回到家乡以后，她就把这些技术总结为赶、弹、纺、织四个步骤，教乡亲们如何使用搅车去除棉籽，如何使用大弓弹棉花，还把原本用于纺麻的脚踏纺车改成三锭棉纺车，使棉纺效率一下子提高了两三倍，而且操作也很省力。随后，松江的棉纺织业很快发展起来，成为全国棉纺织业中心。

在染色技术上，商周两代已经能使用靛蓝等植物染料，以及赭石、朱砂、石青等矿物染料，马王堆出土的丝织物，虽经两千年岁月却依然色彩鲜明。

唐朝的时候，印花技术得到发展。印花不同于提花，提花是在织布时就把花纹织上去，印花是织成后再把图案印上去。唐代已经发展出介质印花技术。介质印花是使用助剂进行浸染的印染工艺。当时已经有了碱剂印花、媒染剂印花、清除媒染剂印花三种技术。

丝织是中国古代最具特色和代表性的纺织技术。丝绸制品更是开启了世界历史上第一次东西方大规模的商贸交流，从汉代起，中国的丝绸就大批运往国外，成为世界闻名的产品。那时从中国到西方去的商路，曾被欧洲人称为"丝绸之路"，中国也被称为"丝国"。

> **小链接："锦官城"**
> 四川成都有个别称，叫"锦官城"。古时候，这里丝织业发达，出产的蜀锦是丝织品中的极品。汉朝政府曾在这里设立过"锦官"，专管蜀锦生产，因而有了"锦官城"的雅号。

> **小链接：《茶经》**
> 中国也是茶树的原产地和茶文化的发源地。陆羽（733—804），中国唐代著名的茶文化家和鉴赏家，写了世界上第一部茶叶专著——《茶经》，对中国和世界茶业发展做出了卓越贡献，被尊为"茶圣"。

农学家与农学著作

春秋战国时期，中国文化出现了百家争鸣的繁荣景象，农家学派也是诸子百家之一，最著名的学者是楚国人许行。史书记载，农家学者还留下了《神农》《野老》两部著作，但是现在已经失传了。

公元前239年成书的《吕氏春秋》有《任地》《辨土》《审时》篇，是秦朝以前农业科技的总结。《任地》篇提出了耕和耨的基本原则，还介绍了一种畦种法：在易旱的高地田里，庄稼要种在沟里（低畦）；在易涝的低地田里，庄稼要种在垄上（高畦）。《辨土》篇提出了整畦、播种、除草的一系列规则，遵循

耕种

这些规则，土壤在旱时能保墒、涝时能排水，庄稼生长整齐，有利于通风，并能充分利用阳光，垄沟笔直有利于除草，产量就会大大增加；还提出庄稼不是越密越好，播下的种子多少要有分寸，种子上面的覆土厚薄要适当，间苗要留强去弱等。《审时》篇则强调要不违农时，每一种农作物都有固定的播种和收获的时节，千万不能错过。

《吕氏春秋》本身并不是一部农学著作，但它有关农学的论述却很好地总结了当时的农业科技成就，为以精耕细作为特点的古代中国农业的发展做出了贡献。

秦汉之际，又有许多农学家和农学著作涌现，但大都没有流传下来。西汉氾胜之（生卒年不详）的《氾胜之书》也只留下残篇。到了南北朝时期，北魏的贾思勰（生卒年不详）留下来一部《齐民要术》，大约成书于公元533年—534年。

贾思勰做过北魏的地方官，他认为劝农、安民是地方官的职责，于是就研究前人著作，请教有经验的老农，写成了这部书。本书正文共10卷，92篇。其中，第一卷记述耕田、收种、种谷；第二卷讲述谷类、豆、麦、麻、稻、瓜、瓠、芋等；第三卷讲述种葵（蔬菜）、蔓菁等；第四卷讲述园篱、栽树（园艺），枣、桃、李等果树栽培；第五卷讲述栽桑养蚕，榆、白杨、竹以及染料作物、伐木；第六卷讲述畜、禽及养鱼；第七卷讲述货殖、酿酒等；第八、第九卷讲述酿造酱、醋，储存、煮胶、制墨等；第十卷讲述外地、外国的植物，野生可食的植物。可以说，这部书囊括了有关农作物、经济作物的大部分知识，内容之丰富几乎就是一部农业百科全书。

比如，《齐民要术》记载了轮作制度，指出一块地不能总是种一种作物，需要换茬，深根作物种过几季以后，要换种浅根作物，大豆和谷类作物轮换着种能养地。书里还用很大篇幅分别叙述家畜饲养的方法，指出饲养的家畜、家禽要保持合理的雌雄比例，以及杂交优生、去势催肥、疾病防治等知识。还有繁育植物的方法，扦插、压条、嫁接等方法都在书中有所记载。

明代开国皇帝朱元璋的第五个儿子叫朱橚，从小就有远大的抱负，想做一番轰轰烈烈的事业。他对医药很有兴趣，认为医药可以救死扶伤，帮助人们延年益寿。

后来朱橚被流放到云南，看到当地居民生活环境不好，生病的人很多，医生和药物又都非常缺少。于是他组织良医编写了方便实用的《袖珍方》一书。他亲自写了序文："令本府良医，编类锓诸小板，分为四卷，方计三千七十七，门八十一，名曰《袖珍》。袖者，易于出入，便于巾笥；珍者，方至妙选，医之至宝，故名袖珍。"序言介绍了《袖珍方》共记录了3077个方子，分为81类，还解释了为什么叫袖珍方，袖珍的意思是很小又珍贵。

《袖珍方》仅在明代就被多次翻刻，对中国西南医药事业贡献巨大。不过朱橚主持编写的著作中，成就最突出还是《救荒本草》。

《救荒本草》和一般的本草书不一样，它的目的是告诉人们在荒年，哪些植物可以当食物。《救荒本草》既普及了植物学知识，又具有帮助人们寻找食物的实际作用。李濂在《〈救荒本草〉序》中说："或遇荒岁，按图而求之，随地皆有，无艰得者，苟如法采食，可以活命，是书也有助于民生大矣。"大意就是说，人们在荒年的时候，可以按照这本书上的图去采食植物。

《救荒本草》书影/silver age提供

　　《救荒本草》编写的内容和方法都有自己的特点，全书两卷，共记述植物414种。每种都配有精美的木刻插图，其中近三分之二的植物是以前的本草书中所没有记载过的。

　　比如苦瓜，据说是郑和下西洋时带来的，是现代餐桌上经常见到的食品，明代以前的本草书没有记载，《救荒本草》将苦瓜列为救荒的食物之一，但朱橚以为苦瓜的吃法是只吃里面的红瓤。后来徐光启告诉人们不仅只有瓤可以吃，而且这是常年可以食用的蔬菜，并非只有在饥荒时用于果腹。

　　《救荒本草》把植物分为：草类245种、木类80种、米谷类20种、果类23种、菜类46种，按部编目。

　　同时又按可食部位在各部之下进一步分为叶可食、根可食、实可食等：叶可食237种、实可食61种、叶及实皆可食43种；根可食28种、根叶可食16种、根及实皆可食5种、根笋可食3种、根及花可食2种，花可食5种、花叶可食5种、花叶及实皆可食2种、叶皮及实皆可食2种；茎可食3种、笋可食1种、笋及实皆可食1种。

朱橚写《救荒本草》的态度是严肃认真的。他把所采集的野生植物先在自家园里种植，仔细观察，取得可靠资料。因此，这部书具有比较高的学术价值。对植物的描述来自直接的观察，不做繁琐的文字考证，只用简洁通俗的语言把植物形态等表述出来，描述一种植物，即配上一副插图，图文配合相当紧凑。

《救荒本草》是我国历史上最早的一部以救荒为宗旨的农学、植物学专著。书中对植物资源的利用、加工炮制等方面也做了全面的总结，对中国植物学、农学、医药学等科学的发展都有一定影响，对今天野生植物的开发利用也有一定参考价值。《救荒本草》里提出把有毒的白屈菜加入"净土"共煮，以此法除去毒性后食用，这与1906年俄国植物学家茨维特发明的色层吸附分离法在理论上是一致的。

在《救荒本草》的影响下，明清两代先后有十部救荒著作问世，如《野菜谱》《茹草编》《野菜博录》等，《救荒本草》的内容被大量摘引。徐光启还把《救荒本草》全文收入他的《农政全书》里。

《救荒本草》修成后很快就流传到国外，在日本先后刊刻，还有多种手抄本问世。上世纪40年代，日本出版的食用植物书籍仍在引用该书。在英国，19世纪就有植物学家专门研究《救荒本草》。美国植物学家李德在他著的《植物学小史》中也赞颂《救荒本草》配图的精确，还说其水平超过了当时欧洲的相关著作。

明末科学家徐光启（1562—1633）是上海人，做过太子的老师、礼部尚书。1607年至1610年，徐光启的父亲过世，他回老家居丧，利用这段时间进行农业试验，写出《甘薯疏》《芜菁疏》《吉贝疏》《种棉花法》和《代园种竹图说》等农业著作。此后他又在做官的时候进行农业试验，写出了《北耕录》《宜垦令》和《农遗杂疏》等著作。在他死后，他的弟子陈子龙等人把他的著作集中在一起修订付印，这就是《农政全书》。

《农政全书》是古代中国农业科技的集大成之作。全书分为12目，共60卷，50余万字。12目中，包括农本3卷、田制2卷、农事6卷、水利9卷、农器4卷、树艺6卷、蚕桑4卷、蚕桑广类2

徐光启

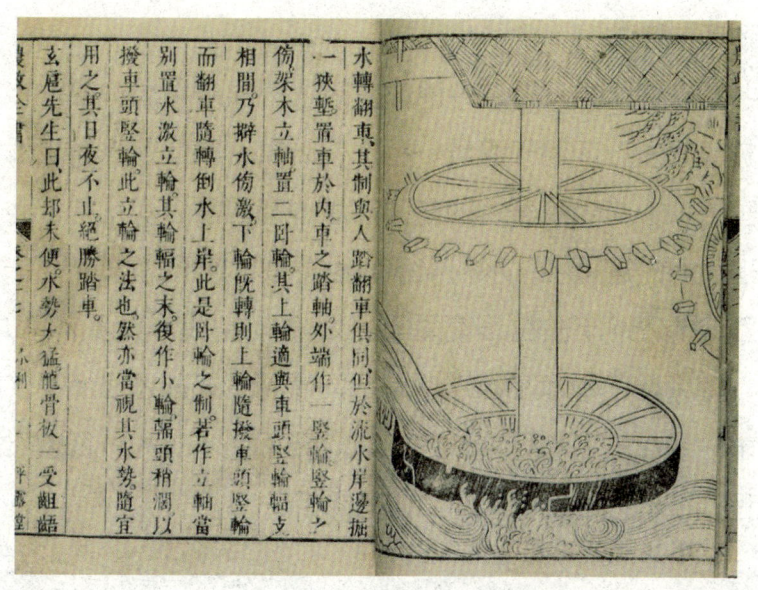

《农政全书》书影/silver age提供

卷、种植4卷、牧养1卷、制造1卷、荒政18卷。徐光启曾经给太子讲课，因而在写书的时候理论高远，往往从国家的层面来考虑问题，譬如书里以很大篇幅论述开垦、水利、救荒等涉及官府施政的内容。最明显的是"荒政"一目，有18卷之多，对历代备荒的措施、利弊得失做了综述，对水旱虫灾做了统计，还搜集了可充饥的救荒植物414种。

《农政全书》大量引用了前人的文献，保存了不少珍贵资料，并去芜存菁。徐光启搜集了历史上有记载的110次蝗灾的资料，总结出时涝时旱的地区易生蝗灾、春秋之间蝗灾多发等结论，还对蝗虫的生长发育过程做了研究，并在此基础上提出了可行的治蝗措施。

灌溉与防洪

中国幅员辽阔，疆域内地形复杂，气候条件也有差异，各种水旱灾害频发，而用于灌溉、蓄水、防洪、航运的水利工程也遍布全国各地，其中最著名的有都江堰、郑国渠、坎儿井。此外，在治理黄河的过程中，水利学家们也贡献了自己的聪明才智。

公元前256年左右，秦国蜀郡太守李冰(生卒年不详)和他的儿子，率领水工修建了都江堰。都江堰到今天都还在使用，是全世界唯一留存的、年代最久的、以"无坝引水"为特征的宏大水利工程，被誉为"世界水利文化的鼻祖"。

都江堰水利工程/裴鸿摄

李冰修建都江堰

  在古代，成都平原水旱灾害十分严重，每年雨季到来，岷江和支流往往泛滥成灾，雨水不足时，又会造成干旱。李冰发现，岷江水流到玉垒山就被挡住了去路。山的东边，水流不过去，没有水灌溉；山的西面又被山挡住，水流不顺畅，造成洪涝灾害。

古代中国科学技术

于是李冰决定把玉垒山凿开。当时还没有火药，李冰就用火烧石，使得岩石爆裂，终于在玉垒山凿出了一个宽20米、高40米、长80米的山口。山口很像一个瓶口，人们叫它"宝瓶口"，开凿山口分离出来的石头堆成了一个大石堆，人们叫它"离堆"。

"宝瓶口"的开凿，使玉垒山西的江水，朝东南流泄了一部分，西边的江水不再泛滥，同时也能解除东边地区的干旱，滔滔江水流入旱区，灌溉那里的良田。这是治水患的关键环节，也是都江堰工程的第一步。

但由于宝瓶口流量有限，山东面的旱地还是得不到全面浇灌，一遇洪峰到来之际，山西面的洪涝灾害还是会发生。为了解决这一问题，李冰决定采取"中流作堰"的方法，控制水势，排泄洪水。他在"宝瓶口"上游不远处的江心，筑了一道分水堰，江水在这里分为两股，达到分洪的目的。分水堰的前端尖尖地伸进波涛汹涌的岷江中，远远望去就像个大鱼嘴，人们便叫它"鱼嘴分水堰"。

鱼嘴分水堰建成后，岷江的水一流到灌县附近，便一分为二：东边流入宝瓶口的水流叫"内江"，是灌溉渠道；西边的水流叫"外江"，是岷江的正流。为了进一步控制宝瓶口的内江水量，李冰又带领水工在鱼嘴分水堰的尾部，修筑了一个溢洪排沙的低堰，名为"飞沙堰"。

飞沙堰用竹笼装卵石堆筑，堰顶高度适宜。枯水季节，它挡住水，使其进入宝瓶口，灌溉良田；洪水期间，过量的江水会漫过它的顶部，流入外江，保障内江灌区免遭水淹。同时，由于漫过飞沙堰流入外江的水流的旋涡作用，还有效地减少了泥沙在宝瓶口的积淀。

为了观测和控制内江水量，李冰又雕刻了三个石桩人像，放入水中，以"枯水不淹足，洪水不过肩"的标准来确定水位，这些石人其实就是原始的水尺。李冰还凿制了石犀牛放在江心，作为每年最小水量时淘滩的标准。

都江堰水利工程的建成，不仅解除了岷江的水患，还使成都平原数万亩良田得到了灌溉，成了"水旱从人，不知饥馑"的"天府之国"。

都江堰的修建，表明早在2300年前，人们已经掌握并利用了在一定水头下通过一定流量的堰流原理，人们对流量和过水断面的关系（两者关系是现代流量公式的一个重要方面）已经有了一定的认识和应用。都江堰不破坏自然资源，充分利用自然资源为人类服务，变害为利，是一项伟大的"生态工程"。和都江堰兴建时间大致相同的古埃及和古巴比伦的灌溉系统，都已经湮没失效，唯有都江堰直到今天还滋润着天府之国的万顷良田。2000年，联合国世界遗产委员会确定都江堰为世界文化遗产。

比都江堰略晚一些的郑国渠，也是由秦国建造的，位于今天陕西省的关中平原上。关中平原东西数百里，南北数十里，地形特点是西北略高，东南略低。郑国渠充分利用这一有利地形，从泾河引水流向洛河，渠道长达300余里，沿渠土地可以自流灌溉。郑国渠规模宏大，修成后大大改变了关中的农业生产面貌，用含泥沙量较大的泾水进行灌溉，增加土质肥力，改造了盐碱地4万余顷（相当于现在280万亩）。郑国渠经过几次改造之后，至今仍在发挥作用。

> **小链接：郑国渠的修建**
>
> 秦国修建郑国渠，是由一次间谍行动促成的。当时，战国七雄中秦国的实力最强，韩国与它相邻。担心秦国来攻打，韩国就想了一个很拙劣的计谋，派水利专家郑国去秦国做间谍，游说秦王在泾水和洛水间凿一条大型灌溉渠道，表面上说是帮助秦王发展秦国农业，其实是希望借这个工程耗竭秦国实力。秦国果然动了心，派郑国负责，集中大量的人力物力开凿渠道。结果此渠建成后，秦国受益良多，秦王最后虽然知道郑国是间谍，但却没有处置他。

坎儿井，古时候叫"井渠"，早在《史记》里就有记载。坎儿井共有1100多条，全长约5000公里，主要分布在吐鲁番地区。吐鲁番盆地就像一只碗，地势很低，四面环山，每年高山上的积雪融化后流下来，渗入地下变成暗流，提供了丰富的地下水源，使得建造坎儿井成为可能。

建坎儿井的流程是这样：先在高山峡谷里找到水源，然后每隔20米至30米打一眼竖井，井深十米到几十米不等，把地下水汇聚起来，在井底凿暗渠，沟通各井，引流到遥远的绿洲，然后

坎儿井/silver age提供

用明渠把原来在地下暗渠里的水引到地面上使用，再在需要的地方修建蓄水的涝坝，兼之调节水流量。一条坎儿井，一般长3公里左右，最长的达几十甚至上百公里；竖井少的几十口，多的几百口。上游的竖井较深，个别可达100米上下；下游的较浅，一

小链接：吐鲁番坎儿井

关于吐鲁番坎儿井的起源有三种说法：一种是说西汉时人们发明的"井渠法"传入新疆，变成了现在的坎儿井。第二种说法是清末林则徐充军到新疆，发明了这种凿井灌田的方法。第三种观点认为坎儿井是2500年前由波斯人首创，再传到新疆来的。现在对于坎儿井到底是怎么发明的还没有定论。

般仅数米。有了坎儿井，水分便不会因为炎热和狂风大量蒸发，真是伟大的创举。

暗渠流出地面后，就成了明渠，明渠就是灌溉渠道。人们在需要的地方修建了蓄水池，这种大大小小能蓄水和调节水流量的蓄水池，就叫涝坝。

治理黄河，是中国古代水利学的一个重要课题。黄河流经人口密集的中原地区，是中国的母亲河，同时也是一条极易泛滥的河流。在明代以前，治理黄河的方法通常是加固加高堤坝。当加固加高堤坝也不能约束洪水的时候，就另挖一条河道，把河水引到新的河道去，这叫"分流法"。随着黄河的泥沙越积越多，黄河泛滥的频率越来越高，危害也越来越大，这个办法到了明朝就不顶用了。

明朝嘉靖年间，潘季驯（1521—1595）奉旨治理黄河。他看到了分流法的局限性，指出："水分则势缓，势缓则沙停，沙停则河饱，河饱则水溢，水溢则堤决。"他提出了"筑堤束水，以水攻沙"的治黄原则。"筑堤束水"有很大的风险，为了防止溃堤的意外，潘季驯设计出四种新的堤坝——缕堤、遥堤、月堤、格堤，并严格管理，保证堤坝质量。他先后四次担任治理黄河工程的负责人，经过他的治理，黄河下游的灾害大大减少。

到了清朝初年，由于多年战乱，堤坝失修，黄河灾害增加。1677年，康熙命靳辅治理黄河，靳辅又延请水利专家陈潢

(1637—1688)协助自己。陈潢继承了潘季驯的治河理论，并有所发展，提出"审势以行水"，动工之前一定要实地勘测；提出"统行规划""源流并治""彻首尾而治"。他认识到黄河泥沙的来源是中游，如果不治理中游，下游也是治不好的。他还创造了"测水法"，测出每段河道能容纳的水量，以此作为工程计划的依据。

靳辅和陈潢的努力很有成效，经过他们的治理，黄河平静了很多年。但后来靳辅被诬告罢官，陈潢也被牵连问罪，没能实现他们彻底治理黄河的理想。

运河工程

除了灌溉和防洪功能的渠、坝等水利工程，中国古代用于航运的运河工程也有很多。最早、最著名的运河有邗沟、鸿沟等。

春秋时代后期，南方的吴国（以苏州为中心）想要北上争霸中原，苦于道路不畅。吴王夫差决定在长江和淮河之间挖一条运河，这就是邗沟（公元前486年）。虽然吴王夫差在争霸战争中失败了，但他修的这条运河却名垂千古。

在公元前214年，秦始皇派兵南下攻打岭南，因为道路崎岖，军粮运输出现了问题，秦始皇便下令史禄主持修筑运河。史禄经过勘查，把渠址定在了湘水上游海洋河和漓江支流灵河之间的地段（今广西兴安），这就是灵渠。

灵渠主体工程分铧嘴、大小天平、南北渠、泄水天平和陡门五个部分。其建筑思路是：把湘江水三七开，三成进入南渠作为运河水源，七成进入北渠重新进入湘江。而铧嘴的作用就是把湘水分开，大小天平、泄水天平和陡门的作用都是调控运河水位。陡门就是船闸，它的存在可以抬高运河水位，保证船只所到处有一定的水深，使船只可以逆着山势上行。《徐霞客游记》中阐述了它的工作原理："渠至此细流成涓，石底嶙峋。时巨舫鳞次，以箔阻水，俟水稍厚，则去箔放舟焉。"

灵渠穿越南岭，2000多年来一直起着沟通南北的作用。它是中国也是世界上最古老的运河之一，是古代中国人民改造大自然的伟大成就。

隋朝开凿的大运河，是举世无双的运河水利工程，是今天我们所看到的京杭大运河的前身。隋朝大运河始建于公元605年，当时的隋炀帝为了控制江南广大地区，使长江以南地区的丰富物资运往洛阳，下令宇文恺主持开河，动用了几百万民夫，先开凿了通济渠，使船舶可以从长江直达洛阳，同年又用十万民工疏通古邗沟，连接淮河、长江。三年后又开凿了永济渠，沟通了洛阳和涿郡（今北京）。又过两年，重开江南河，直抵余杭（杭州）。

隋唐大运河沟通了海河、黄河、淮河、长江、钱塘江五大水系，是世界上最长的人工河流。运河开凿需要综合考虑地质、地形、水文、流量等各方面条件，大运河的建成表明当时的建筑技术和地理知识已经达到相当高的水平。

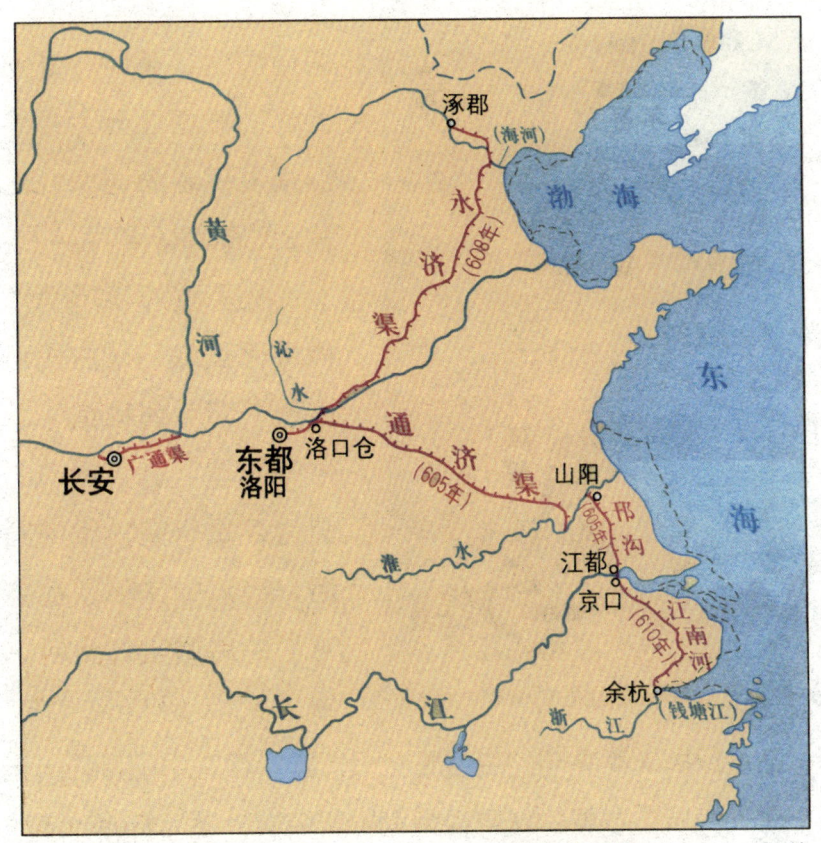

隋唐大运河/silver age提供

　　13世纪末,元朝定都北京后,洛阳在全国的地位相对下降,而北京的地位则相对上升。元朝政府考虑到漕运的重要性,花了10年时间,先后开挖了"洛州河"和"会通河",把天津至江苏清江之间的天然河道和湖泊连接起来,清江以南接邗沟和江南运河,直达杭州。北京与天津之间,原有的运河已经废弃,又新修了"通惠河"。这样,新的京杭大运河比绕道洛阳的隋唐大运河

京杭大运河/silver age提供

缩短了九百多公里，仍然沟通海河、黄河、淮河、长江、钱塘江五大水系，继续发挥着沟通南北的运输大动脉的作用。

大运河被人们誉为"古代文化长廊""古代科技库""名胜博物馆""民俗陈列室"。大运河的历史遗存是研究古代中国政治、经济、文化、社会等方面的绝好实物资料，是中国悠久历史文明的见证。站在保护人类文明的高度看，大运河不仅在中国是独一无二的，对人类历史发展的作用也为世界所公认，是活着的、流动的重要人类遗产。

第七章　物理学、化学与冶金、制瓷、制盐

科学形态的物理学和化学都产生于近代的欧洲。中国古代没有发展出科学形态的物理学和化学体系，但有关物理学和化学的知识积累却很丰富。

比如墨子在力学和光学方面颇有建树，曾经发现小孔成像现象；在电磁学方面，古代中国对磁场的了解很深刻，并在此基础上发明了指南针；在声学方面，沈括曾经记述过声音的共振现象，朱载堉发现了十二平均律，乐器方面则发明了编钟等。化学方面，炼丹术作为原始形态的化学，研究出火药的配方；染色技术、冶金技术、瓷器制造等技术的发展也涉及不少化学知识。

中国古代金属冶炼是从新石器时代晚期的采石和烧陶发展起来的，很多技术都比世界同类技术早了几百年甚至几千年，《梦溪笔谈》《天工开物》等书里对此都多有介绍。

除此之外，古代中国的制瓷、制盐技术也出现得很早，经过长时间的探索和发展，形成了成熟的生产方式。

物理学、化学知识

墨家学派是诸子百家之一，学派成员中有不少出身于工匠，因此在科学技术上有较多建树。《墨子》一书中，比较明确地记录了一些数学、力学、光学知识。在力学方面，书中提到了力和力矩的问题："权、重相若也，相衡，则本短标长。"这是说在使用杆秤称量物体重量的时候，如果"权"（秤砣）、"重"（称量的物体）保持平衡，那么"本"（重臂）变短了，"标"（力臂）就会变长。另外，在浮力问题上，《墨子》也有所建树，记载了在重量保持不变的情况下，物体大小与吃水深浅的关系。

《墨子》一书中，还讨论了一些光学问题，并实地做过不少实验。如"小孔成像"实验：在一间黑暗的小屋朝阳的一面墙上开一个小孔，人对着小孔站在屋外，人的影子经过小孔投射进屋内墙上，就能看到倒立的人影。墨家对这个现象的解释符合现代光学的原理。

春秋末年记述手工业技术的书籍《考工记》，记录了古人对声学的一些认识。书里指出，钟声是由金属的振动造成的，声音的清浊、疾徐与钟的厚薄、形状、大小以及金属的成分有关。同样，磬的声音特点也是由制作它的玉石的形状、质地决定的。

中国古人的声学知识集中体现在编钟的制作上。编钟是中国特有的大型乐器，在西周、春秋战国乃至秦汉时期很流行。它是用青铜铸成一个个大小不同的扁圆形钟，按照音调高低的次序把

小孔成像原理

钟悬挂在钟架上。这些钟组合起来按照乐谱敲击，就能演奏出美妙的乐曲。1978年，湖北随县发现的曾侯乙墓出土的大型编钟，由65件青铜钟组成，其音域跨五个半八度，十二个半音齐备，其制作时间应为战国前期，被誉之为"稀世珍宝"。

北宋科学家沈括在物理学上有三大贡献。一是对磁场、地磁偏角的研究和对指南针的介绍；二是对凹面镜（阳燧）成像问题的研究；三是在声学上发现了共振现象。

沈括说："琴瑟弦皆有应声。"应声，指的就是基音和泛音的共振、共鸣。他剪了一个纸人，做共振的实验："欲知其应者，先调诸弦令声和，乃剪纸人加弦上，鼓其应弦，则纸人跃，他弦即不动。声律高下苟同，虽在他琴鼓之，应弦亦震，此之谓正声。"以纸人的跳动来证明共振的存在，既贴切又直观。

古代中国科学技术

到了明朝，明朝宗室子弟朱载堉（1536—1611）发明了十二平均律，这是中国古代在音律学上的最高成就。十二平均律是至今仍然通用的一种调音方法，律是指音阶中每个音的音高规律。十二平均律也叫十二等程律，它把一个音阶分为十二个相等的半音，各相邻两律间的频率比都是相等的，故称十二平均律。

中国古代化学知识主要来自炼丹术。炼丹术的历史可以追溯到先秦的方士，秦始皇就曾经召集方士为他炼丹，以求长生。后来道教出现了，它的一个流派外丹派也致力于炼丹术，后世的皇帝很多都有服用丹药的习惯。

青铜冶炼

金属冶炼就是从矿石中提取金属和金属化合物，制成金属材料。从远古时代以来，在铜金属被提炼出来之后，人类生活与金属的关系越来越密切。今天，人们的衣食住行更是离不开金属材料，可以说，没有金属就没有人类今天的物质文明。

古代中国金属冶炼是从新石器时代晚期的采石和烧陶发展起来的。人们用近千度高温的陶窑烧陶，对木炭的性能也熟悉了，具备了冶金的基本条件。

夏朝到春秋这1600多年的时间，有人称这段时间为中国的"青铜时代"。

青铜是相对于红铜来说的。红铜是纯铜，青铜是铜、锡、铅

古代炼丹术

商代后母戊大方鼎/silver age 提供

等元素的合金。为什么把铜、锡、铅的合金称为"青铜"呢？这是由于它以铜为主，合金的颜色为青绿色，所以就叫"青铜"了。

成书于春秋战国的《考工记》，揭示了合金的成分、性能和用途之间的关系，提出了著名的"六齐"。"六齐"就是"六剂"，也就是六种合金配方。这是世界上最早的合金配比的经验性科学总结。

> **小链接：最大的青铜器**
> 后母戊鼎是我国到目前为止发掘出的最大的青铜器，也是世界上最大的古青铜器，重832.84千克，带耳高133厘米，口长112厘米，口宽79.2厘米，它是用含84.77%铜、11.64%锡、2.79%铅的青铜铸成的，造型瑰丽、浑厚，鼎外布满花纹。

古代炼铜的主要矿石是孔雀石，主要燃料是木炭，木炭同时在冶炼中还充当还原剂。冶炼主要在熔锅或熔炉里进行，炼铜时，在里面放置孔雀石和木炭，让木炭在里面燃烧，用吹管往里送风，产生高温熔化矿石，同时产生一氧化碳使铜析出。这种内熔法冶炼温度较高，这是我国古代冶铸的一个显著特点。

古代中国很早就认识了铜盐溶液能被铁置换，发明了"水法炼铜"，这是水法冶金技术的起源，在世界化学史上是一项重大贡献。

中国早在西汉时期就发现曾青中放入铁可以化为铜。东汉时发现胆矾能化铁为铜。南北朝时更进一步认识到不仅是胆矾，只要是可溶性的铜盐类就能与铁置换出铜。这种认识大约到唐末、五代就应用到生产中去了，宋朝时更有发展，成为大量生产铜的重要方法之一。这就是水法炼铜的"胆铜法"。《梦溪笔谈》《宋会要》等书记载了胆铜生产方法。

古代中国好些金属冶炼技术都比世界同类技术早了几百年甚至几千年，但"中国人发明了火药，却只是拿它来放鞭炮"，这句话说明了中国没有把先进技术继续发扬光大并用于正途。

冶金技术也不例外，我们2000多年前就掌握了这门技术，但是真正把它用于工业和生产，却比欧洲晚了很多年。所以，我们在感叹祖先们创造这门奇特技艺的同时，更应该为它的发展创新不断努力。

冶铁炼钢

天然的纯铁在自然界几乎不存在，人类认识铁比铜、锡、铅、金等都要晚。人类最早发现和使用的铁，是天上掉下来的陨铁。中国先人大约是在商王朝（公元前1300年左右）时，对陨铁有了认识，并加以利用。

中国对陨铁的发现和利用比较晚，但却是最早进行人工冶铁的国家。最迟在春秋时期，人们就掌握了冶铁技术。人们发明了高大的竖炉，以木炭为冶炼燃料，用皮口袋鼓风，冶炼出世界上从没有过的生铁。欧洲直到公元14世纪才炼出生铁，比中国晚了1000多年。中国曾出土春秋晚期的铁丸，这种铁丸就是用白口生铁铸造的。这是到目前为止中国出土的最早的生铁实物，也是世界上最早的生铁实物。

早期的冶铁技术，大多采用"固体还原法"。这种方法炼出来的铁，杂质多，表面很粗糙，样子像海绵，没有明显的金属特征，有的还不如青铜坚韧。

后来人们发明了"块炼铁"，把炼的铁块反复加热，压延锤打，使它柔韧不脆。人们还发现红热的锻铁猛淬入冷水会变成坚韧的好铁。这种锻炼铁的场景，我们在电视剧里经常可以看到。这样炼出来的铁的性能比青铜好，人们用这种铁制造工具，逐渐取代了青铜工具。

远在春秋战国时期，中国就出现了"低温炼钢法"，把块炼铁放在炭炉中加热到900℃—1000℃，渗碳于铁的表面，取出敲打，杂质变成火星飞溅出去，另一部分碳渗到铁质中，这样反复

冶铁

加热锻打，铁中含碳量逐渐增加，杂质也被排除掉，最后终于成钢。

西汉时"百炼钢"的技术兴起，钢的质量有所提高。西汉中期以后，又出现炒钢。用生铁炒成钢，这是炼钢史上的一次技术飞跃。汉代还开始用煤做燃料来冶铁——中国是世界上最早发现和使用煤的国家。

后来，古代中国又创造了"灌钢"冶炼法，这是1740年坩埚制钢法发明之前世界上最先进的制钢技术。"灌钢"，又称"团钢"，是由生铁和熟铁合在一起冶炼得到的一种含碳量较高、质

古代中国科学技术 125

地均匀的优质钢。

　　灌钢冶炼，至迟在南北朝时期就已经发明了。发明者是北朝东魏、北齐间（公元550年前后）的著名冶金家綦毋（复姓，读qí wú）怀文。

　　綦毋怀文炼造的"宿铁刀"非常有名。这个"宿铁"就是"灌钢"。《北史·艺术列传》里记录有他的这一发明创造。书中记载说："怀文造宿铁刀，其法烧生铁精，以重柔铤，数宿则成刚（钢）。以柔铁为刀脊，浴以五牲之溺，淬以五牲之脂，斩甲过三十札。"

　　这段话的大意是：綦毋怀文制造宿铁刀的方法是，选用品质比较高的铁矿石，冶炼出优质生铁，把液态生铁灌注到熟铁上，这样几度熔炼，就成了钢了。钢炼成之后，他便以熟铁做刀背，用钢做刀锋，并用动物的尿和油脂来淬火。用这种方法制造的宿铁刀，能一下子砍断30多块叠放在一起的青甲片。

　　到了明代，灌钢冶炼技术又有了很大程度的发展。著名科学家宋应星在他所著的《天工开物》一书中，详细地记述了当时的灌钢工艺。他说："凡钢铁炼法，用熟铁打成薄片如指头阔，长寸半许，以铁片束包尖紧，生铁安置其上，又用破草履盖其上，泥涂其底下。洪炉鼓鞴（bèi），火力到时，生钢先化，渗淋熟铁之中，两情投合。取出加锤，再炼再锤，不一而足。俗名团钢，亦曰灌钢者是也。"

　　宋应星这段话的大意是：炼钢的方法，是先把熟铁打成像手指头那样宽，一寸半左右长的薄片，将其束包扎紧，再将生铁放

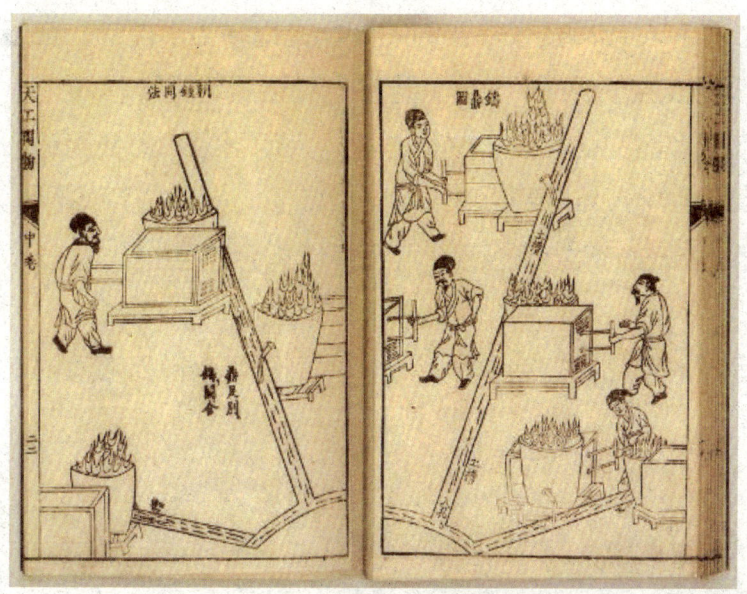

《天工开物》书影/silver age提供

在扎紧的熟铁片上面。随后,盖上破草鞋(要用沾有泥土的,这样才不至于立即被烧毁),另外,在铁片底下还要涂上泥浆。当这一切都做完之后,把它放进洪炉里鼓风,达到需要的温度时,生铁便先熔化成铁液,渗淋到下面的熟铁中,两者便互相融合了。这时,就可取出锤打。经过再炼再锤,反复多次才行。这样锤炼出来的钢,俗称团钢,也叫灌钢。

制瓷

中国是瓷器的故乡,瓷器是中国独创的发明之一。中国瓷器的历史,最早可以推溯到3000多年前的商代,它是在制陶的基础上发展出来的。早在6000多年前的新石器时代,人们就已经开始烧制和使用陶器了。当时的陶器是用黏土手捏的，在五六百摄氏度的低温下烧成，这样做出来的陶器质地粗松。

到了仰韶文化和龙山文化时期，人们已经知道要用精细淘洗过的陶土做胎。制胎不仅有手制、模制，有的还用轮制。器皿的外部也砑光了，有的还绘着红色、黑色的图饰，这就是"彩陶"。

虽然瓷器和陶器有本质区别，但陶器可以说是瓷器的前身，

彩陶制作

烧制过程也很相似，制瓷工艺发源于制陶工艺。到了商代，出现了用瓷土做原料、经1000℃以上高温烧成的白陶和硬陶，这意味着原始瓷器马上就要出世了。

商周时期的"原始瓷"烧制工艺还比较粗糙，烧制温度也较低，不过目前发现的釉陶或青釉器皿品种很多，有尊、碗、瓶、罐、豆等，它们具有光泽，质地坚硬，轻轻地敲击会发出金石一样的声音。

东汉出现了青釉瓷器。早期瓷器以青瓷为主，隋唐时期，发展成青瓷、白瓷等以单色釉为主的两大瓷系，还有了刻花、划花、印花、贴花、剔花、透雕镂孔这些瓷器装饰技巧。

五代瓷器制作工艺高超，河南柴窑有"片瓦值千金"的说法。柴窑是后周世宗柴荣的官窑，传说周世宗要求柴窑生产瓷器"薄如纸、明如镜、声如磬，雨过天青云破处，这般颜色作将来"。这个要求是非常高的。

宋代瓷器以各色单彩釉为特长，釉面能做冰裂纹，还能烧制窑变色及两面彩、釉里青、釉里红等。

元代瓷器盛行印花瓷及五彩戗金。明代流行"白底青花瓷"，青瓷有"影青"，又有"霁红瓷"。

中国瓷器发展到宋代，大半个中国都有名瓷名窑，是瓷业最繁荣的时期。当时的汝窑、官窑、哥窑、钧窑和定窑并称为宋代五大名窑。

汝窑窑址在今天的河南汝州。当地制瓷业历史悠久，在北宋末年开始烧制宫廷用磁，号称"五大名窑"之首。汝窑出产的瓷

宋代天青釉瓷器/silver age提供

器被认为是青瓷中的极品，其最大特色是天青色的釉质。由于北宋很快灭亡，汝窑遭到毁灭性打击，存世的汝窑瓷器极少，更显其珍贵。

官窑是宋徽宗政和年间在京师汴梁建造的，窑址到现在还没有被发现。官窑主要烧制青瓷，主要器型有瓶、尊、洗、盘、碗，也有仿周、汉时期青铜器的鼎、炉、觚、彝等式样，器物造型常常带有雍容典雅的宫廷风格，釉色以月色、粉青、大绿三种颜色最流行。官窑瓷器传世很少，十分珍稀名贵。

哥窑，确切的窑场现在还没有发现。传说是章生一、章生二兄弟俩各建了一窑，哥哥建的窑称为"哥窑"，弟弟建的窑称为"弟窑"。哥窑的主要特征是釉面有大大小小不规则的开裂纹片，俗称"开片"或"文武片"。细小如鱼子的叫"鱼子纹"，开片呈弧形的叫"蟹爪纹"，开片大小相同的叫"百圾碎"。小纹片的纹理呈金黄色，大纹片的纹理呈铁黑色，所以有"金丝铁线"之说。哥窑常见器物有炉、瓶、碗、盘等，质地优良，做工精细，全是宫廷用瓷的式样，与民窑瓷器差别很大。

宋代哥窑瓷器/silver age提供

钧窑位于今天河南禹县，唐宋时这个地界归钧州管辖，所以叫钧窑。钧窑开始于唐代，北宋时最兴盛，到元代时就衰落了。钧窑烧制的瓷器以铜红釉为主，还大量生产天蓝、月白等乳浊釉瓷器。

定窑在今天河北曲阳润磁村和燕山村，唐宋时这个地界属定州，所以叫定窑。唐代已经开始烧制白瓷，五代时有了较大的发展。定窑的白瓷釉层略显绿色，流釉就像泪痕。北宋后期创造覆烧法，碗盘器物口沿无釉，叫"芒口"。

著名的景德镇窑在今天江西景德镇。景德镇窑早在唐武德年间就开始烧制瓷器了，到明代它成为全国瓷器烧制中心，设立了专为宫廷茶礼烧制茶具的工场。这时青花瓷有很大发展，茶具传到日本，日本茶道之祖村田珠光十分喜爱，称之"珠光青瓷"。

景德镇窑烧制了釉上彩、斗彩、素三彩、五彩等多个品种，还烧造了多种名贵蓝、红釉、甜白釉瓷器。清代时景德镇窑又创制了珐琅彩、粉彩等多种新品种。

一直到今天，景德镇仍旧是世界闻名的瓷都。

公元11世纪，我国造瓷技术传到了波斯，后来又传到了阿拉伯、土耳其和埃及。15世纪后半叶，中国造瓷技术又传播到意大利。

中国的瓷器，远在唐代就和茶叶、丝绸等一起，大量销往国外，此后一直都有瓷器向国外销售，从来没有间断过，极大地丰富了人类的物质文化生活。

制盐

所谓"酸甜苦辣咸",我们做菜吃饭都离不开盐,没有盐就"食之无味"。盐既是食物的调味品,也有利于身体健康。所以从很早开始,人类就开始制盐了。

中国在5000多年前,就刮取海滨咸土,淋卤煎盐。有天然卤水的地区,采用"先烧炭,以盐井水泼之,刮取盐"的生产方法。战国末期,四川开始掘井、汲卤、煎盐。隋唐时,山西湖盐有了"垦畦浇晒"的新工艺。宋元时,福建海盐生产部分采用晒盐法。

根据盐的来源,中国古代的盐可分为海盐、湖盐、井盐、岩盐等几大类。

中国陆地海岸线漫长,人们很早就开始生产海盐。唐宋以前,人们直接刮取海边咸土,后来用草木灰等吸取海水,用水冲淋,溶解盐分形成卤水,再煎卤水取得盐粒。这种方法称为淋卤煎盐。

煎盐前,卤水需要晾晒提高盐分浓度。人们往卤水中投入莲子,根据莲子的沉浮位置确定卤水浓度,原理与今天的密度计完全相同。

宋元以后,煎盐逐渐被晒盐取代,节省了很多燃料费用。有些地方,还利用地势,在海边修筑一系列盐池,把海水引进盐池晒盐。

除青藏高原的盐湖外,中国古代最著名的盐湖是今山西运城的盐池。湖盐的生产工艺与海盐基本相同,大多采用晒制的

古代制盐工艺流程复原/靖艾屏摄

方法。

岩盐又叫盐矿，实际上是地下深处的固体含盐岩层。

古代岩盐的开采方式主要有两种：一是开凿巷道，把含盐岩石采出来，粉碎和溶解后提取盐分；二是开凿深井到含盐岩层，往里注水溶解盐分，形成卤水，再汲取卤水，这种方式与井盐的生产工艺相同。

井盐的生产工艺最为复杂。

早在战国末年，秦蜀郡太守李冰就在成都平原开凿盐井，汲卤煎盐，不过那时的井做得不牢固，很容易坍塌。

北宋中期后，川南地区出现了卓筒井。卓筒井是一种小口深井，井就碗口那么大，不易崩塌。凿井时，用钻头舂碎岩石，注水或利用地下水，用竹筒把岩屑和水汲出，清理后做盐。人们还把竹子去节，外面做好防护措施，接起来探到井内作为套管，防止井壁塌陷和淡水浸入。

> **小链接：卓筒井**
> 　　卓筒井标志着中国古代深井钻凿工艺的成熟。此后，盐井深度不断增加。清道光十五年(1835年)，四川自贡盐区钻出了当时世界上第一口超千米的深井——燊（shēn）海井。

第八章　建筑学与造船、机械制造

传说，中国最早的房屋是有巢氏发明的，他"构木为巢"，我们的祖先才有了房子住。中国黄河流域的仰韶文化遗址和西安半坡遗址发现了供居住的浅穴和直径为5米—6米的圆形房屋。浙江余姚河姆渡遗址发现个别建筑使用了卯榫。

古代中国的房屋和宫殿多是土木结构，容易损坏，因而保存下来的远古时代的建筑很少。后来出现了砖和瓦这种人工建筑材料，保存下来的建筑物就多了。中国在公元前11世纪的西周初期制造出了瓦，最早的砖出现在公元前5世纪至公元前3世纪战国时的墓室中。

现存最著名的建筑工程，有著名的万里长城，长安、北京等宏伟的城市，栈道、石拱桥等交通设施。另外还有京杭大运河、灵渠、它山堰、木兰陂等水利工程。建筑学方面的著作，则有《木经》《营造法式》等。

各个朝代的机械工艺成就不胜枚举，记载在各种史书上，也记载在各种专门著作上，比如战国时期流传的《考工记》是现存最早的手工艺专著；元代薛景石所著《梓人遗制》是木工名家总结亲身经验之作，并详细记述了当时通行的纺织机具和车辆，作为古代著名的木制机械技术专著而存世；明朝的宋应星编著的《天工开物》被称为中国17世纪的工艺百科全书。

万里长城

长城又叫"万里长城",从春秋战国开始,在长达2000多年的时间里,各个朝代的中国人一直在断断续续修长城。长城宏大的建筑规模,漫长的修筑时间,真是让人叹为观止。

春秋战国时期,各国诸侯就开始修筑最早的长城。后来历代君王几乎都在加固增修长城,或修建自己的长城。所以,北方很多地方都有长城。比如山东有齐长城、河南有楚方城、内蒙古有秦长城。

春秋战国时期,各诸侯国造长城,一是为了防御别的诸侯国入侵,二是为了防御北方草原上的游牧民族。而秦汉及以后的历朝历代修筑长城,主要就是用来应付北方草原上的"马上民

万里长城

族"了。

长城修筑在险要之地，能把防守一方的"地利"优势发挥到最大，而北方草原上的马上民族通常是不擅长攻城的，这就使得防守一方能用较少的兵力保护一大片土地。由于长城的限制，马上民族只能从有限的几个关口入侵，即便能如愿攻下某个关口，他们回来的时候也必须经过这几个关口，防守方可以调集援军堵住他们的归路。

大规模修建长城的朝代有两个：一是秦朝，秦始皇下令修筑了西起临洮，东至辽东的万里长城；二是汉朝修筑的西起河西走廊，东至辽东的万里长城。这两座长城的总长度都在1万里以上。不过，由于年代久远，早期各个朝代的长城大多数都残缺不全，保存得比较完整的是明代修建的长城，现在人们谈论的长城指的一般就是明长城。

明长城不少地方的城墙内外檐墙都用巨砖砌筑。当时全靠手工，靠人力搬运建筑材料，采用重量不大、尺寸大小一样的砖砌筑城墙，不仅施工方便，而且能提高效率和建筑水平。

长城许多关隘大门，多用青砖砌筑成大跨度的拱门，这些青

小链接：长城

中国历代长城总长度为21196.18千米，分布于北京、天津、河北、山西、内蒙古、辽宁、吉林、黑龙江、山东、河南、陕西、甘肃、青海等15个省市自治区。

砖有的虽然已风化,但城门仍然威严峙立,说明当时砌筑拱门的技术之高超。从关隘城楼上的建筑装饰看,石雕砖刻极其复杂精细,反映了当时工匠杰出的艺术才华,虽然他们的生命已经逝去,但他们的作品保留了下来。

墙身是城墙的主要部分,平均高度为7.8米,有些地段高达14米。墙身构造有以下特点:凡是山岗陡峭的地方,墙身都构筑得比较低,平坦的地方构筑得比较高;紧要的地方比较高,一般的地方比较低。

作为防御敌人的主要部分,墙身厚度较大,基础宽度有6.5米,墙上地坪宽度平均也有5.8米,能保证两辆马车并行。墙身由外檐墙和内檐墙构成,内部填着泥土碎石。外檐墙是指外皮墙向城外的一面。构筑时,有明显的"收分"。墙身收分,能增加墙体下部的宽度,增强墙身的稳定度,加强它的防御性能,而且使外墙雄伟壮观。内檐墙是指外皮墙城内的一面,构筑时一般没有明显的收分,构筑成垂直的墙体。关于外檐墙的厚度,一般是以"垛口"处的墙体厚度为准,这里的厚度一般为一砖半宽。

根据当地不同的气候条件,万里长城的构筑方法有如下几种类型:1. 版筑夯土墙;2. 土坯垒砌墙;3. 青砖砌墙;4. 石砌墙;5. 砖石混合砌筑;6. 条石;7. 泥土连接砖。

长城有大量烽火台(烽燧),建造烽火台是为了传递军事情报,如若发现敌情,白天就放烟,夜间变成点火(白天放烟叫"烽",夜间举火叫"燧"),台台相连,传递讯息。按明朝制度，举一烟鸣一炮表示来敌100人左右；举二烟鸣二炮表示来敌500人左右；1000人以上举三烟鸣三炮。烽火台数量众多，不仅长城上有，还一直延伸到长城以外很远的地方。

长城上的烽火台/silver age提供

以大兴城为代表的城市建设

今天的西安市，古代叫长安，曾经历过几次修建和损毁。隋文帝杨坚建立隋朝后，最初定都在汉朝留下的旧长安城，但旧长安年久失修，破败狭小，隋文帝便在旧长安城东南选了一块土地建造新都，取名"大兴城"，这座"大兴城"也就是唐朝的长安城。

主持建造大兴城的是工部尚书宇文恺，他是一位颇有成就的建筑学家和机械制造家。他领旨之后，只用9个月时间就完成了使命，速度之快令人惊讶。

大兴城是中国古代最大的城市，其规模在世界古代史上也是数一数二的，人口数在唐朝时最多达到了120万。据考古研究，它的轮廓大致是方形的，南北长8470米，东西宽9550米，周长约35千米，面积约83平方千米，比明清时代的北京城还要大得多。

大兴城分为宫城、皇城、郭城（也叫罗城）。宫城是皇家宫殿所在，皇城是官府各个衙门集中的地方，它们都分布在南北中轴线的北端，郭城则围绕在宫城和皇城的东、西、南三面，是居住区和商业区，官员的宅邸、百姓住宅、寺庙、商铺都分布在这里。郭城被14条东西向大街、11条南北向大街分割成109个里坊和东西两个商市。大街宽百米以上，街边有排水沟，这些沟和天然河道相连，沟旁种植树木。里坊建有围墙和坊门，自身有一定防御能力，里面有各种生产、生活设施。

大兴城规制严整，有如围棋棋盘一般，把城市的各种功能安排得井然有序，是城市规划上的杰作。尤其是把宫室、官署区与居住区严格分开，是一个创举。在唐代，大兴城（长安）略有扩建，成为空前繁荣的国际性大都市。长安城的建筑规划思想深刻影响了东亚各国的都城建设，如日本的平城京和平安京都高度效仿了长安城的规划结构。

遗憾的是，当年的大兴城（唐长安）现在已经毁坏无遗，但明朝的北京城在城市规划上借鉴了大兴城的思路，今天的故宫博物院，就是昔日北京的宫城，也称紫禁城。

唐朝长安城布局图/silver age提供

道路与桥梁

统一六国、建立秦朝的秦始皇，为了促进国家的统一，下令"车同轨，书同文"。"车同轨"，就是规定全国车辆两轮之间的距离必须符合国家标准。除此之外，秦始皇还在各地大修驰道、直道，构筑全国性的道路网，规模之大令人惊叹。秦直道的一些遗迹，今天在内蒙古地区还能看到。

除了驰道、直道，建筑在川陕之间高山峡谷中的栈道，也是道路史上的奇观。早在统一六国之前，秦国吞并了南方的蜀国，而川陕之间有高峻的秦岭山脉阻隔，很难沟通，秦国为此修筑了栈道。到了西汉前期，已经有了四条栈道通向蜀地，其中褒斜道长500多里，路面宽3米—5米。

栈道的大部分路段，在高山峡谷间穿行。很多路段需要从悬崖一侧经过，只能从悬崖上凿出1米—2米的凹槽，道路就从凹槽上通过；或者在崖壁上凿出孔洞，在孔洞内揳入木柱，再以木柱为依托，铺设木板形成道路。为了防止千辛万苦架起的栈道被风雨侵蚀，工匠们又在栈道上方修建遮风挡雨的廊亭。这种工程不仅需要高超的技术手段，也需要极大的勇气。

拱桥是极富中国特色的桥梁，它的桥面通常是向上拱起的，以拱形结构把桥的重量向两岸的桥基传递。拱桥在中国出现的时间，至迟是汉代。现存最著名的拱桥有赵州桥、卢沟桥等。

赵州桥位于今河北省赵县洨河上，建于隋朝，距今已有1400多年。它是世界上第二座石拱桥，也是世界上现存最早、保存最完善的敞肩石拱桥。

赵州桥的设计建造者是工匠李春，但他的生平事迹已经无法考证。

赵州桥是一座单孔圆弧形石拱桥，长50.82米，拱券净跨37.37米，桥面宽9米，两端宽9.6米。

赵州桥/silver age提供

与常见的石拱桥相比，赵州桥有不少独到之处。

一是它的桥拱不是常见的半圆形，而是弧形，就像一张没有拉开的弓，桥面坡度很小，这样车辆通行就很省力。

二是弧形大拱的两肩上，各设计两个小拱，既可节约石料，又减轻了桥身重量，遇到河水暴涨的情形，一部分洪水可以从小拱流过，减少了桥身被冲垮的危险。

1400年来，赵州桥经历无数次洪水和地震，始终保持完好，后人称赞它"奇巧固护，甲于天下"。

造船

关于造船，《周易》中曾有"伏羲氏刳木为舟，剡木为楫"的说法，把造船术的发明归功于伏羲。不过这个说法未必可信。

考古学家在距今7000多年的河姆渡文化遗址中发现了船桨，这证实7000多年前中国就已经有了船。

到了春秋战国时期，船舶制造技术有了大发展。南方的吴国造船业最发达，它的水军有5种大船：重型的"大翼"、轻型的"小翼""桥船"，船体坚固、用于冲撞的"突冒"，充作指挥舰和主力舰的"楼船"。

汉朝的水军里，也有5种战船：冲锋用的船是"先登"，用来冲击敌阵的狭长战船叫"蒙冲"，行驶快捷有如奔马的叫"赤马"，重型战舰叫"槛"，还有体形最大的"水上堡垒"——楼船。汉朝造船技术有了明显的进步，橹、布帆、船尾舵都已被发明使用了。

南北朝时的科学家祖冲之也研究过造船技术，造出一种千里船，"于新亭江试之，日行百余里"。它可能是为了追求速度而使用了人力脚踏驱动。

到了宋朝，造船时开始使用"船样"，就是船的模型，船厂根据船样的要求建造合乎规格的船只。这时候，古代中国应用最广的几种船型已经定型。

沙船，也称"防沙平底船"，大都用在内河或北方近海，它的外形是方头方尾，船底是平的，不怕浅滩，吃水浅，受潮汐影响小，船体宽，稳定性较好。如果遇到逆风逆水，还能以"之"字形航行。

福船，是一种尖底海船，是明朝水师的主力战船，商人们也用它进行远洋贸易。有人考证，郑和下西洋的宝船，就是福船船型。它的外形是尖底，尖头，方尾，船底有两层木板，船舷有三层木板，船舱使用水密隔舱技术，船只的安全性能较好。

中国造船技术的巅峰之作是郑和下西洋时乘坐的宝船。郑和船队的船，大都是由南京建造的，最大的宝船长139米，宽56米，船上有12张帆。南京宝船厂曾经出土一根舵杆，长11.07米。除宝船之外，郑和船队里还有各种辅助船只，如装运马匹的"马船"、运送粮秣的"粮船"、用于人员居住的"坐船"、用于战斗的"战船"等。

郑和先后七次下西洋，对航海业做出了巨大贡献，但因为耗费财力过多，受到很多大臣攻击。在郑和死后，明朝政府再也没有派出远航的船队，甚至宝船的建造技术也失传了。

郑和宝船模型/silver age提供

机械制造

战国时期，东方的齐国是个手工业发达的国家，《考工记》这部书介绍的正是齐国手工业各个工种的技术标准、管理制度，内容翔实、门类齐全，是研究先秦时代科学技术的重要史料。

全书约7000多字，记载了当时官府所设立的全部30个门类的手工业部门的资料，其中有木工、金工、皮革、染色、刮磨、陶瓷六大类。分工之细致，管理之严密，表明当时的手工业技术已经相当成熟。

书里提到"金有六齐"：六分其金而锡居一，谓之钟鼎之齐；五分其金而锡居一，谓之斧斤之齐；四分其金而锡居一，谓之戈戟之齐；三分其金而锡居一，谓之大刃之齐；五分其金而锡居二，谓之削杀矢之齐；金锡半，谓之鉴燧之齐。这"六齐"实际上就是制作不同种类的合金器物时需要添加的锡的比例。

关于制作车轮这个环节，有10项工艺上的要求，如木材的挑选，轮子的直径要适中，制成的轮子要用圆规来检验是否是正圆，用矩来检验轮子的侧面是否在一个平面上，等等。

在讲到箭矢的制作时，书里还探讨了箭矢的重心问题，并对箭尾的羽毛的设置做了要求。

在中国民间，还流传着"木工之祖"鲁班的故事，他大约生活在公元前5世纪，有过很多发明创造，但具体的事迹已经很难考证了。东汉的科学家张衡在机械制造方面颇有成就。他曾经制造过指南车和记里鼓车。记里鼓车是一种能自动计算路程的车子，车上设有身穿锦袍的小木人，车每走十里，小木人就击鼓1次，当击鼓10次，就敲钟一次。指南车则是一种能自动指示方向的车子，不过它不是使用磁针，而是使用机械传动装置来定向的。

同样是东汉人的马钧，曾经制造过农业灌溉工具翻车、纺织机械提花机，是一位"巧思绝世"的发明家。他在张衡之后，也制造了一辆指南车，据宋朝人的记述，指南车上立着一个小木人，车下有复杂的齿轮结构，无论车子怎么转弯，齿轮结构都能保证小木人的手臂指向南方。

指南车模型/silver age提供

古代工匠

  13世纪时，有一位可能是木匠出身的发明家薛景石（生卒年不详），写了一本《梓人遗制》，以介绍木器形状、结构特点、制造方法为主。到了明朝末年，中国古代机械制造技术达到了新的高峰，其标志就是被誉为"中国17世纪的工艺百科全书"的《天工开物》，作者宋应星（1587—约1666），江西人。

《天工开物》分为上中下三篇十八卷，分别是《乃粒》《乃服》《彰施》《粹精》《作咸》《甘嗜》《膏液》《陶埏》《冶铸》《舟车》《锤煅》《燔石》《杀青》《五金》《佳兵》《丹青》《曲蘖》《珠玉》。书里附有121幅插图，描绘了130多项生产技术和工具的名称、形状、工序，明朝中期以前重要的科学技术基本上没有遗漏。

这部书还有很多开创性成就。比如记述了锌（书中称倭铅）和铜锌合金（黄铜）的冶炼方法。因为锌易氧化，易挥发，"入火即成烟飞去"，因而必须锌铜合炼。生物学方面，宋应星注意到不同品种蚕蛾杂交引起变异的情况。在物理学方面研究了声音的发生和传播规律，并提出了声是气波的概念。

> **小链接：《天工开物》**
> 宋应星在明朝灭亡以后，拒绝做清朝的官。清朝乾隆年间编纂《四库全书》的时候，没有收录《天工开物》，此书在中国国内几乎失传。不过这部巨著在17世纪末传到了日本，后来又传到欧洲，19世纪30年代译成法文，在欧洲各国影响很大。